张克群 著

中国古建筑小讲

化学工业出版社

·北京·

图书在版编目（CIP）数据

中国古建筑小讲/张克群著．—北京：化学工业出版社，2017.9（2022.3重印）
ISBN 978-7-122-30072-0

Ⅰ．①中… Ⅱ．①张… Ⅲ．①古建筑－建筑艺术－中国－图集 Ⅳ．①TU-092.2

中国版本图书馆CIP数据核字（2017）第156182号

责任编辑：周天闻　龚风光　　　　装帧设计：今亮后声 HOPESOUND pankouyugu@163.com
责任校对：刘曦阳

出版发行：化学工业出版社（北京市东城区青年湖南街13号　邮政编码100011）
印　　装：北京新华印刷有限公司
880mm×1230mm 1/32　印张 $12^1/_2$　字数280千字　2022年3月北京第1版第3次印刷

购书咨询：010-64518888　　　　售后服务：010-64518899
网　　址：http://www.cip.com.cn
凡购买本书，如有缺损质量问题，本社销售中心负责调换。

定　价：68.00元

序言

记得妈妈领着年幼的我和妹妹在颐和园长廊仰着头讲每幅画的意义，在每一座有对联的古老房子前面读那些抑扬顿挫的文字，在门厅回廊间让我们猜那些下马石和拴马桩的作用，并从那些静止的物件开始讲述无比生动的历史。

那些颓败但深蕴的历史告诉了我和妹妹世界之辽阔，人生之倏忽，而美之永恒。

妈妈从小告诉我们的许多话里，迄今最真切的一句就是这世界不止眼前的苟且，还有诗与远方——其实诗就是你心灵的最远处。

在我和妹妹长大的这么多年里，我们分别走遍了世界，但都没买过一尺房子。因为我们始终坚信诗与远方才是我们的家园。

妈妈生在德国，长在中国，现在住在美国，读书画画考察古建，颇有民国大才女林徽因之风（年轻时容貌也毫不逊色）。那时梁思成林徽因两先生在清华胜因院与我家比邻而居，妈妈最终听从梁先生建议读了清华建筑系而不是外公希望的外语系，从此对古建痴迷一生。并且中西建筑融汇贯通，家学渊源又给了她对历史细部的领悟，因此才有了这本有趣的历史图画（我觉得她画的建筑不是工程意义上的，而是历史的影子）。我忘了这是妈妈写的第几本书了，反正她充满乐趣的写写画画总是如她乐观的性格一样情趣盎然，让人无法释卷。

妈妈从小教我琴棋书画，我学会了前三样并且以此谋生。第四样的笨拙导致我家迄今墙上的画全是妈妈画的。我喜欢她出人意表的随性创意，也让我在来家里的客人们面前常常很有面子——这画真有意思，谁画的？我妈画的！哈哈！

为妈妈的书写序想必是每个做儿女的无上骄傲，谢谢妈妈，在给了我生命，给了我生活的道路和理想后的很多年，又一次给了我做您儿子的幸福与骄傲。我爱你。

高晓松

前言

咱们老祖宗虽说偏爱诗人、画家，管实际动手干活的叫做“巫医乐师百工之人”，还加上什么“君子不齿”之类贬低的话，但在老百姓的心里，对工匠（尤其是木匠）那是很尊重的。其主要原因是中国古代盖房子的工匠基本是以木匠为主，加上瓦匠帮点忙，和百姓息息相关的房子就是这样一间间盖起来的。都说安居乐业安居乐业的，没有居可安，怎么乐业呀。没有房子，上哪儿避风躲雨去呀！要不怎么有关鲁班的神话世世代代流传极广呢。诗人杜甫的破房子漏雨后，想起光写诗是挡不了雨的，还是得有房子，遂写出“安得广厦千万间，大庇天下寒士俱欢颜”的名句。

中国的祖先们之所以对木结构情有独钟，大抵上有这么几个原因。其一是自打步入农耕时代，人们的衣食住行都指着土地。衣有棉麻、食赖五谷，住呢，自然也是要用土地奉献给我们的树木喽。其二是周天子太过勤快，他把后世子孙应该干的事，诸如城市规划、搭建房屋等都做了详细的规定，使得盖房子一类的事从此有规矩可依。既然如此，那后人照搬这些规矩就得啦。所以中国古建筑几千年来，瞧着似乎没多大变化，直到出现了钢筋水泥。其三呢，木结构房子的好处是显而易见的：材料易找、施工神速、抗震性好。古代的君王们常常比赛着建宫殿并以此为荣。那速度可是很重要的！可当前朝被灭之后，他们又比赛着烧宫殿。这一坏毛病就显示出木结构的最大缺点来了：容易着火。这就是大量的古代建筑没能留存至今的原因。

那么，我们的祖先们用木头都建了哪些至今让我们自己，乃至于让全世界都惊叹的建筑呢？我们目前看到的古建筑，按类型大致可以分为皇家建筑（包括宫殿、坛庙、苑囿、陵寝等）、民间建筑（包括古城、祠庙、牌坊、民居、商号、坟墓等）和宗教建筑（包括庙宇、宫观、清真寺、教堂等）。此外，长城、古桥之类历史悠久的构筑物在本书中也被算在古建筑里面。

建筑既是实用之物，又是一种艺术品，而且多数是一种公共艺术品，一般情况下，人们很容易看到和观赏它。然而，与文学、戏剧、绘画等艺术门类相比，建筑艺术又有它独特的内涵和魅力。它自己不会说话，需要有人加以指点、讲解才行。本人不才，却是学这一行的，自觉有责任当个讲解员，把我们祖宗留下的美好的东西掰开了、揉碎了展示给大家。让各位读者和我一样，爱上这份独特的遗产。当然，咱们这本书不是教科书，只是“小讲”，也就是走马观花，观其大略，为读者介绍一下中国古建筑的脉络，不会让人感觉很深奥的。不懂建筑的人完全可以拿它当科普读物来把玩。

楼庆西

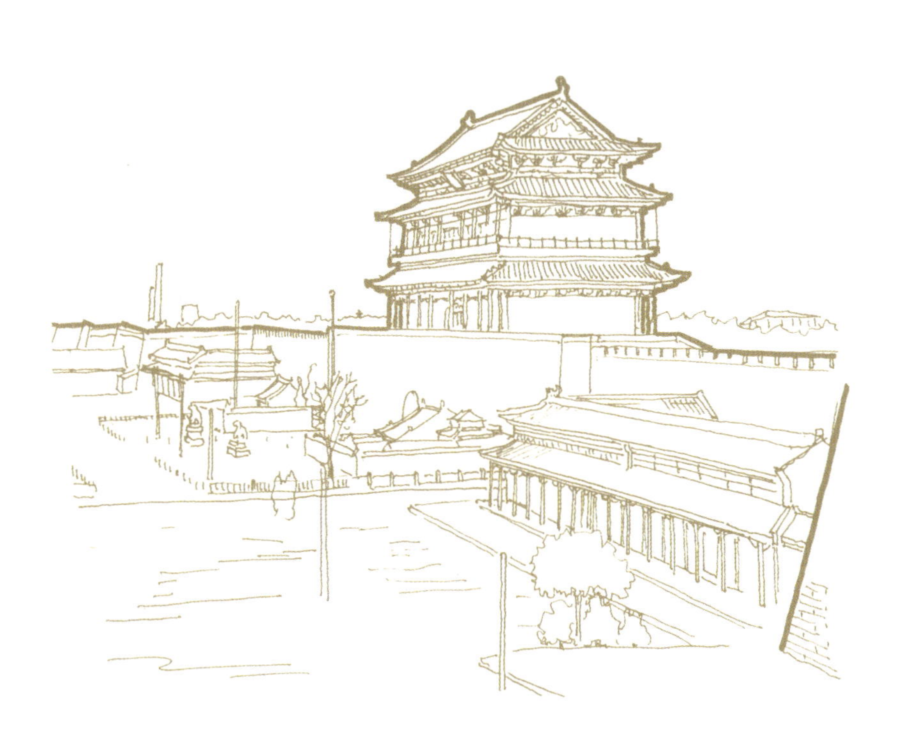

目录

第三讲·帝王陵寝

乙篇 民间建筑

第四讲·古城风貌

第五讲·纪念性建筑

第六讲·民居

第七讲·商号、园林及坟墓

丙篇 宗教建筑

第八讲·佛教石窟、名山及佛塔

第九讲·佛教庙宇

第十讲·道教建筑及妈祖庙

第十一讲·伊斯兰教建筑

第十二讲·天主教建筑和基督教建筑

丁篇 其他构筑

第十三讲·长城与古桥

概说

古代建筑长什么样

要是说起中国古代建筑长什么样？你一定会脱口而出：大屋顶呗！这个说法对，可也不全对。

中国地域广阔是不争的事实。各地的老百姓为适应当地气候，盖出的房子可谓五花八门。在有些地方，大屋顶就不是建筑所必备的。比如，蒙古包的“屋顶”就没有大屋顶式的出檐，黄土高原上的窑洞也没有大屋顶。不过，大多数的古代木构建筑，确实都顶着一个硕大的屋顶。这种屋顶可不光是用来遮阳避雨的，它的内涵深了去了。有人说，屋前的台阶象征地，大屋顶象征天。而屋子里的人呢，则如同立于天地之间。听着是不是有点道理？

下面罗列了各类主要的屋顶形式。你要是能记住它们的名字，在中国建筑史这门“万丈高楼”的学科里，就算爬了 1 尺来高了。

我觉着，屋顶跟人类戴的帽子有点相似。绅士们戴礼帽；老百姓戴毡帽、草帽，还有的缠块布，或干脆光着脑袋。中国古代建筑的屋顶也分三六九等呢。就拿常见的来说，最高等级叫重檐庑殿，次一等是重檐歇山，然后是单檐庑殿、单檐歇山，再下来是悬山正脊、悬山卷棚、硬山正脊，最低级的

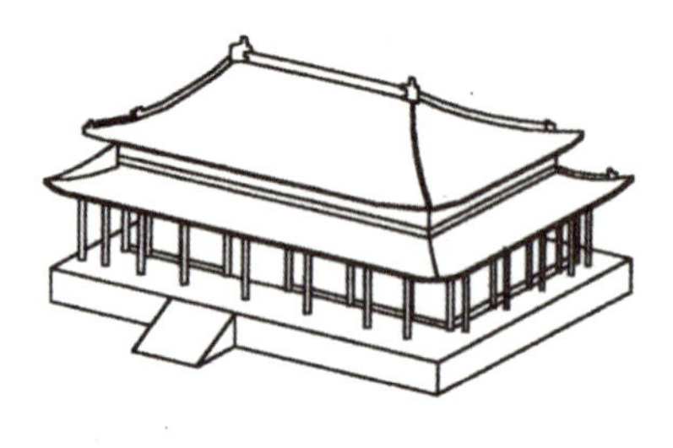

1 重檐庑殿

2 重檐歇山

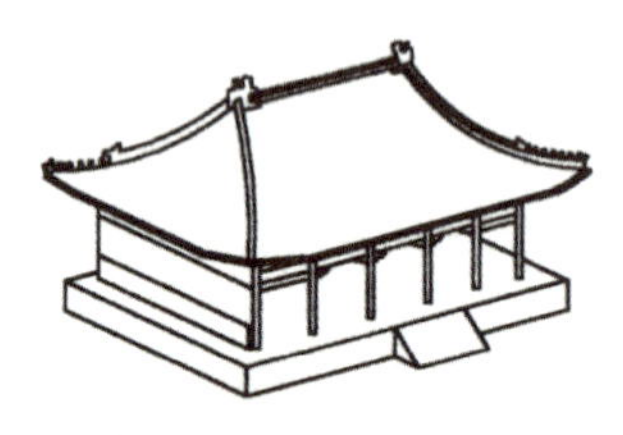

3 单檐庑殿

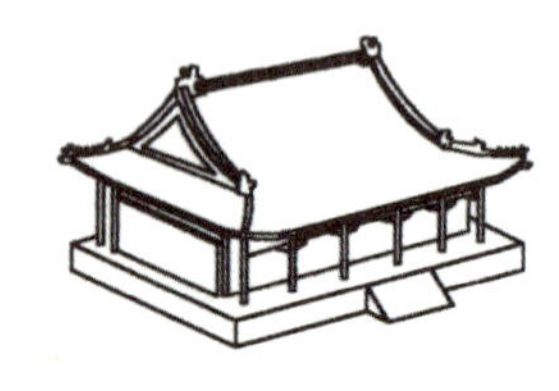

4 单檐歇山

5 悬山正脊

6 悬山卷棚

7 硬山正脊

8 硬山卷棚

八种不同等级的屋顶

是硬山卷棚。

这里稍微解释几个概念，你要是没兴趣，可以把这段跳过去：重檐是指两层屋顶上下摞着，庑殿是指四坡顶的屋顶，歇山是指把四个坡顶在山墙的那两个面垂直切下一块三角形来，单檐自然就是指单层屋顶，悬山是指两坡顶的屋顶挑出到山墙之外，硬山是指两坡顶的屋顶且山墙包在屋顶外面，正脊是指屋顶最高处有屋脊，卷棚是指屋顶最高处没有屋脊。

对于皇家建筑来说，主要建筑的屋顶形式多半都采用重檐庑殿（如太和殿）、重檐歇山（如天安门城楼）、单檐庑殿、单檐歇山。至于悬山正脊啦，悬山卷棚啦，以及硬山正脊、硬山卷棚这四类屋顶都只能是用在附属建筑上。至于一般老百姓的房顶，自然就只能是硬山的了。有钱人家的正房屋顶，也只能用硬山正脊，厢房屋顶就只能用硬山卷棚了。

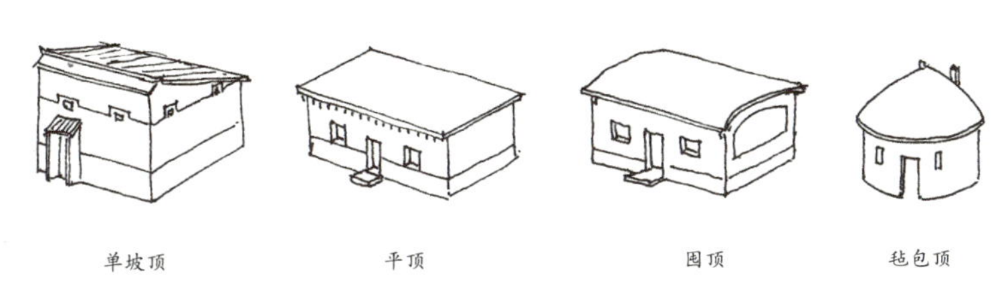

北方民居屋顶

上图示意的是一般老百姓房子的屋顶。这些屋顶，估计作为老百姓的你我看着就眼熟。

这四种屋顶多用于北方。在缺水的山西，你可以看见坡向院内的单坡顶，这是为了把宝贵的雨水留在自家的院子里。而在河北，经常有农家在平顶上晾晒老玉米、辣椒什么的。这是个不错的主意：又利用太阳能又防偷，还节约地方。

再有呢，就是下面的这三种住宅屋顶。

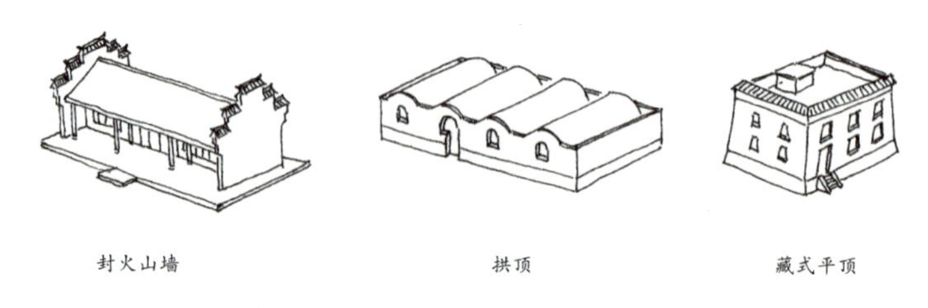

三种住宅屋顶

封火山墙多见于安徽、江西一带。那白白的墙衬托着深灰色的瓦，屋前绿水背后青山，煞是好看。在山地多平地少的青、川、藏地区，藏式平顶也常用来晒青稞，又省地方又干净。

在园林里，你还可以看见许多亭子。它们的顶子也不尽相同，大致有如下的几种。

亭子顶

北京故宫太和殿脊兽

除了屋顶，用来表示建筑等级高低的方式还有：建筑的开间、基座的高低、彩画的形式、室内吊顶的制式、门钉的数量乃至彩画的形制、屋脊之上走兽（即脊兽）的数量。

你要是有兴趣，可以记一记那些小走兽的名称。在最前面领头的是仙人骑凤，其后依次为龙、凤、狮、天马、海马、狻猊、狎鱼、獬豸、斗牛、行什。脊兽数量，按照建筑等级的高低而有不同，只有太和殿才能十样齐全。其他宫殿都要是 10 以下的单数，如乾清宫用 9 个，中和殿及坤宁宫用 7 个，妃嫔居住的东西六宫用 5 个。

中国的建筑几千年来一直以木头为主要结构材料，这使得这些建筑显得纤细而华丽，在世界建筑之林里独树一帜。其实中国也不是不产石头，可为什么古人单单钟情于木头呢？据我分析，一是古时候人少树多，怎么滥砍滥伐也不要紧，而且砍树比凿石头容易多了；二是起初有人用石头建了打算万年牢的坟墓，后来人们看着石头房子就觉得跟坟墓似的，晦气，因此不喜欢用石头盖活人住的房子；三是在没有暖气的年代，木屋子让人感觉更温暖些；四是中国人很在意建造速度，尤其在改朝换代之际，赶紧住上新宫殿，是个重要的脸面问题。试想朱棣要是不用木头，他搬到北京城的美梦不知要拖到猴年马月去呢。而且皇帝们不求建筑之永恒，对衣、食、住、行这四项生活的基本要素等同视之，把建筑物当成衣服、车马一样，旧的不去新的不来。不但是百姓住房，就连皇宫也不例外。明明知道木头怕火，可还是用木头盖房，从结构构件到门窗吊顶，全部都采用木材。每天晚上还要在院子里喊："风高物燥，小心火烛！"烦不烦哪！

除了容易着火，木结构建筑还有一个要命的缺点：相当耗费材料，也就是说得砍很多树，这一条就极不环保。春秋时期，都想称霸的晋国和楚国就玩过建筑大比拼：楚灵王建了座章华宫（因楚灵王喜欢细腰宫女，人称"细腰宫"），晋平公一看，你个"南蛮子"能建华美的宫殿，难道我堂堂的晋国不能吗？于是举全国之力建一宫殿，名曰虒（sī）祁宫。秦始皇统一中国后，在咸阳城周围200里范围内建造了270座宫观，座座有廊子相通。你想想，建这些宫观，得需要多少木材呀！无怪乎杜牧在他的《阿房宫赋》里感叹道："六王毕，四海一；蜀山兀，阿房出。”一朝宫殿，满山皆秃。

然后，项羽一把大火，咸阳城给烧了个精光。等到刘邦建立汉朝后，又是大兴土木，建了许多宫殿。下一朝打进来时再烧，再建。就这么着，原本林木茂密的中原，成了木材稀缺的地方。越是开发得早的地方，如山西、陕西，山冈秃得越厉害，使得我们的母亲河——黄河中游水土流失一年比一年严重。这多少和古代建筑大量采用木结构有关！

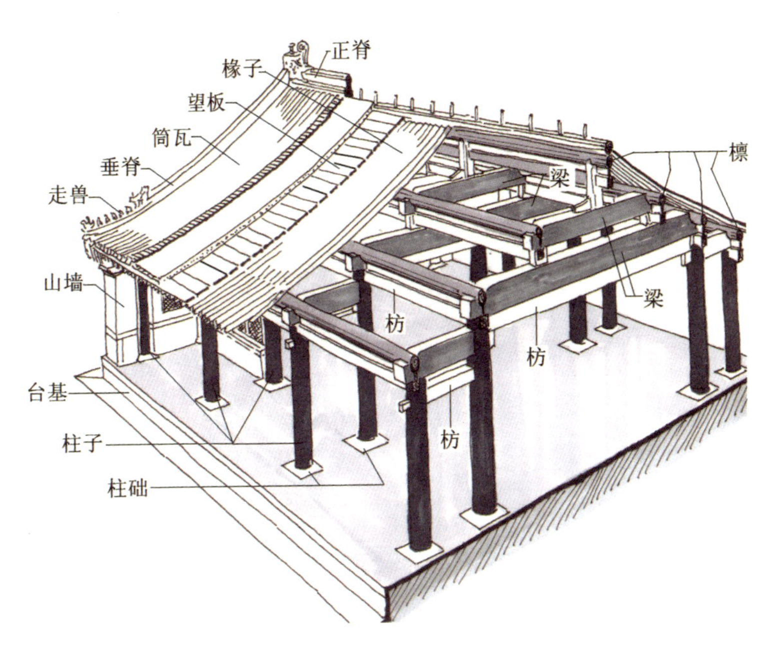

七檩抬梁式木结构建筑示意图

既然建材以木材为主，那最合理的结构形式就是“梁柱式”。在4根立柱上架梁枋，互相榫接成为“一间”。它的构件大至梁、柱，小至斗拱都是在地面上该锯锯、该刨刨，从而预制好了的，现场连钉子都不用（古代也没钉子），只需一座梯子、一把斧子，木匠上去敲敲打打地把构件拼装起来即可。施工速度快，是木结构建筑的一大优点。

梁柱式木结构有三种：抬梁式、穿斗式和井干式。抬梁式宫殿在北方较常见，穿斗式多见于南方。上图为典型的七檩抬梁式木结构建筑。

木结构还有一大优点：布局灵活。因为建筑物上部的重量全由梁、枋和柱子负担，所有的墙壁无论是砖砌的还是木板的、布帘子的、纸糊的，都只起隔断作用，墙壁的布置可随心所欲。今天要跟谁密谈，隔出个小间；明天要开宴会，再拆成一大间。小两口刚结婚，房子宽敞些显得痛快；等有了孩子，再把丈母娘接来，就需要多隔出几间小屋子了。

木构建筑屋顶的屋檐是怎么向外伸出来的呢？古人想出以长方形的木块相互重叠成斗拱，向前向上地支撑着挑出老远的屋檐。

你要是抬头细看，可以发现很多大殿的屋檐下，都有马蜂窝似的一嘟噜一嘟噜的由小木头块搭的东西，那东西就叫斗拱。

斗拱的大小历代不同，元代之前的斗拱因起着撑托屋顶的作用而硕大，屋顶的出檐也深远。到了明朝随着出檐减小，斗拱也渐渐变小。清代的斗拱已成为装饰品而不起多大结构作用了。因此，看一座古建筑的年代，不光看木头腐烂的程度，还可以从斗拱的大小入手：斗拱越大，岁数越老。当然，民居是不能用斗拱的，这是皇宫、衙门或大型庙宇专用的。

典型的中国古代建筑从上到下可分为四大部分：屋顶、斗拱、墙柱、阶基。柱子之间横向的距离叫作开间。开间一般都是单数。最当中的因为正对着门口，为了显示它的重要性，因此开间比两旁的要大，这个开间叫明间；它两旁的无论多少间，间距都相等并略小于明间，它们叫次间；最边上的一左一右的叫稍间（也叫梢间）。下图是一个五开间的典型中国古建筑立面。由此可见，要形容一个建筑的规模，常常用多少开间。比如故宫太和殿是十一开间，天安门是九开间，等等。

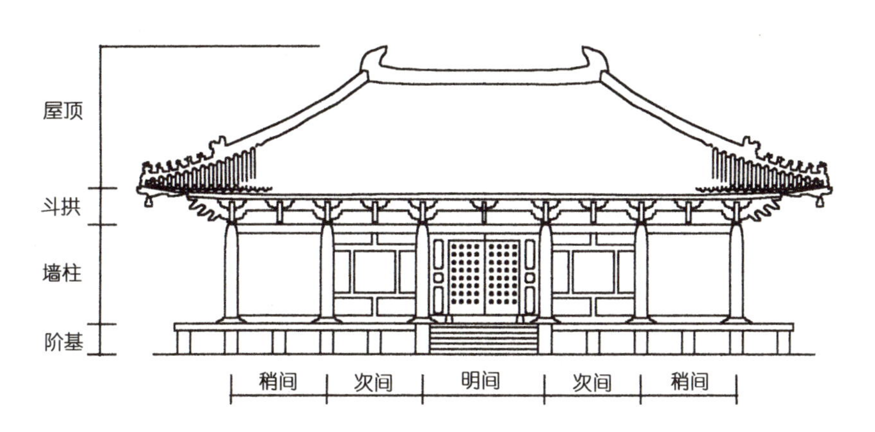

典型的五开间中国古建筑立面示意图

为什么先说皇家建筑呢？因为在古代的中国，皇上是最有钱的。这跟西方国家不同。在古代西方，最有钱的往往是教会。我的老师吴焕加先生说过，建筑空间就是钱的堆积。这话在很大程度上是对的，巧妇难为无米之炊嘛。有了足够的钱，才有条件建造规模和气魄都不凡的建筑。当然，老百姓也有有钱的，但总多不过皇家。何况人力物力也不如。老地主就是再有钱，顶多能奴役本村的劳动力。可皇上一开口，全国的劳力、工匠都任凭驱使。

作为皇家建筑，最全面最高级的当然要算是皇城了。咱们就先从几个不同时代的皇城说起吧。

甲篇 皇家建筑

第一讲 天子之城和宫殿

皇城

中国古代城市规划的原则，在三千多年前的《周礼·冬官考工记第六》中早就给规定好了，这就是："匠人营国，方九里，旁三门。国中九经九纬，经涂九轨。左祖右社，面朝后市，市朝一夫。"这段话意思是说：一个都城应该是方的，跟个象棋盘差不多。每边长九里，每面的城墙上开三座门。城里应有东西向、南北向的街各九条，街宽要是车子宽的九倍。祖庙在左，社稷坛在右，朝廷安排在城的前面，市场在后面。对于皇城（国都）来说，还得有皇上住的地方，这样才算得上皇城。皇城，就像象棋里老将和士转悠的那个小方块儿，归皇上一家子所有。可皇上没有大事儿不能出这个小方块，老百姓呢，也不能随便进去。

燕下都　荆轲由此出发

在春秋时期，中国大地上出现了数以百计的小诸侯国。这些小国互相打来打去，到了战国只剩下几个大国，最后都让秦给灭了，它们的都城当然也早就不复存在了。在它们的废墟上，不知多少新的城镇被建了起来又被毁灭。唯独位于河北易县易水边的这个燕下都（燕昭王时燕国“三都”之一，另两个为上都蓟城及中都）的遗址，竟然基本完整地裸露在地面上。因为不在战略要地，几千年没人搭理，以至于断壁残垣、高台故垒历历在目，城墙基础清晰可辨。

从这些看似无序的歪七扭八的墩子，研究人员发现，它并没有遵守《周礼》所规定的城市建设原则，而是建了一正一斜、一东一西两个城。宫殿都集中在斜歪歪的东城的北端。最大的一个武阳台面宽 140 米，进深 110 米，比两个有 400 米跑道的田径场还要大。这样大的建筑物在 2500 年前怕是要排世界第一了吧？我没做过比较，自豪地猜猜而已。

顺便说一句，公元前 227 年，太子丹为了保全燕国，派了壮士荆轲去刺杀秦王。荆轲就是从这里出发的。要不怎么有“风萧萧兮易水寒，壮士一去兮不复还”的名句呢？

唐长安城　当时世界上最大的城市

唐代长安城其实始建于隋朝（581 年左右），初名大兴城，唐朝改名为长安城。它本是隋唐两朝的都城，是当时全国政治、经济与文化的中心，也是当时世界上规模最大的城市。唐长安城比同时期的拜占庭都城大 6 倍，比 200 多年后建的巴格达城大 2

倍，是明清北京城的 1.4 倍。怎么样，够牛吧！

整个城市按中轴对称布局，由外郭城、宫城和皇城组成，面积达 83.1 平方公里。长安城城内街道纵横交错，划分出 110 座里坊。城内百业兴旺，最多时人口超过 100 万。

唐太宗李世民在这里开设了全国最大的图书馆——弘文馆。长安城还设有国立大学——国子监。国子监下设 7 个学馆，共有房舍 1200 间，收中外学生 8000 余人，外国贵族子弟来此留学者甚众。此外，长安还是全国佛教的中心、东西方的交通枢纽。在唐朝，西有以长安为起点通往西方的“丝绸之路”，南边可由广州走海路到达天竺（今印度）、大食（今中东、北非等地）等地。这两条丝绸之路如今正再次发挥着与 100 多个国家友好通商的作用。

由于唐代政治上的统一和长安城的繁荣，外国（尤其是西域国家）的很多官员、贵族、僧侣、学者、商贾、艺人、医生、工匠等来到长安就不愿离开，有不少干脆侨居或迁居到了这里。这一迁居，促进了中外全方位的交流。胡琴的传入和波斯马球的盛行就是例子。不少吃喝拉撒用品里，很多带“胡”字的，都是那会儿从外国趸来的，如胡椒、胡琴等。

唐长安城在规划和建设方面对后起的国内外城市起到了重要的示范作用，如宋代开封城和元、明、清北京城就沿袭了长安城的特点。日本的京都城和奈良城的建设也是从这儿学习了不少。

唐长安城的外城墙宽 12 米左右，高 5 米多，全部用夯土筑

唐长安城明德门复原图

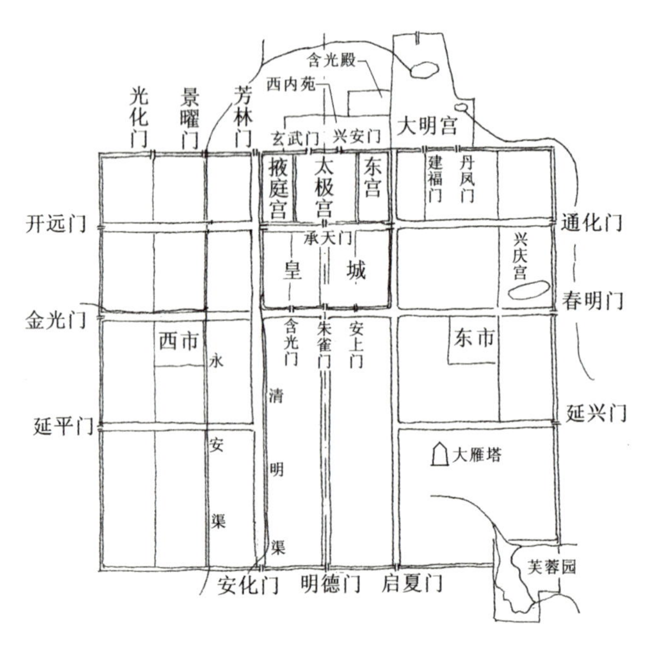

唐长安城平面图

成，城门处的主要墙段还砌有砖壁。外城墙上开了 12 座城门，每面 3 座。唐长安城的大街都特宽，主要街道——明德门内的南北走向的大街朱雀大街宽 150—155 米，其他不通城门的大街宽度也普遍在 35—65 米。这么宽阔的马路都快能当奥运会的田径跑道了，无怪乎唐代诗人骆宾王到过长安后言道：“不睹皇居壮，安知天子尊。”

城东和城西各辟出一个市场，东面的叫东市，西面的叫西市。东市卖国产日用品，西市则卖进口的金银首饰、器皿等。逛市场的人要是把两处都逛了，要买的物事就差不多齐了。“买东西”这个说法，就是从唐朝开始的。

皇城亦为长方形，位于宫城以南，周长有 9.2 公里。南面正中的朱雀门是正门，此外，皇城还辟有 5 个门。

朱雀门向南至明德门的朱雀大街，再向北与宫城的承天门间的大街，构成了全城的南北中轴线。城内有东西向街道 7 条，南北向 5 条，道路之间分布着尚书省等中央官署和太庙等祭祀建筑。

宫城是最里面，也是最北面的城。它是个长方形，周长 8.6 公里。城四周有围墙，南北两面开有城门。宫城分为三部分，正中为太极宫，东侧的东宫是太子居所，西边的掖庭宫是皇上的众多老婆和服务人员的住处。

由于太极宫最早是隋文帝所建，隋文帝草创国家伊始，钱包不够大，所以装饰等都较为简朴。因此后来唐太宗时又建了大明宫，自唐高宗以后，皇上们多在大明宫办公和居住。

长安城的大多数建筑在历代战乱中早就灰飞烟灭了。近年来，在西安城的南面，原长安城芙蓉园遗址建了大唐风格的“大唐芙蓉园”，由此可见当年唐代建筑的大致风格。

明南京城　奇怪的葫芦形城墙

说南京城始建于明，有点委屈它了。要是论起来，春秋末年吴国的吴王夫差于公元前 495 年就曾在这里建过一个叫冶城的城市。后来，越国的范蠡又建越城（在今南京市长干桥一带）。当然，这俩城太过久远，几乎连遗迹都没有了，仅有文献记载。

在这以后，三国的东吴，后来的东晋以及南北朝时期的宋、齐、梁、陈，和那位倒霉词人李煜的南唐，都在南京建过都城。

不过，真正有迹可循且规模宏大的，还要算是朱元璋的大明国都应天府了。

这个名字是怎么来的呢？原来，元代时这里称集庆路。1356 年 4 月 11 日，朱元璋和他的将士们攻下集庆路后，老朱站在破损的城墙上，半真心半客套地对他的爱将们说了些诸如“多亏你们拼命啊！”之类感激的话。既能打仗又会拍马屁的徐达立马回道：“哪里哪里，这都是上天在保佑你啊，你是顺应了天意，因此成功了。”闻听此言，老朱大为高兴，立刻下了入城后的第一道命令：“那就把这座城叫应天府吧。”

应天府不但名字跟天有关，而且整个城市规划都跟天紧密相

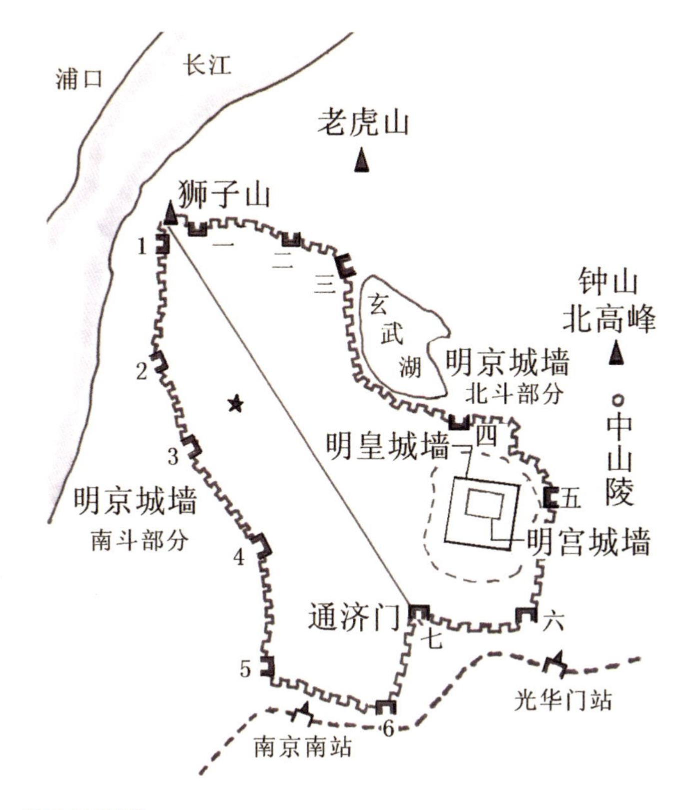
长江
浦口
老虎山
狮子山
1
一
二
三
玄
武
湖
钟山
北高峰
明京城墙
北斗部分
2
中
山
陵
明皇城墙
四
3
五
明京城墙
南斗部分
明宫城墙
4
通济门
六
七
5
光华门站
6
南京南站

明应天府平面图

城门

连。它的外轮廓不是如《周礼》所规定的方块块，而是一个类似葫芦的形状。要是你以为这个形状毫无规律可循，那可就得学习学习了：这里头大有讲究。

让我们在应天府的平面图上，从南端的通济门到北端的狮子山画一条直线。这条线的左边，是南斗星的形状，那 1、2、3、4、5、6 就是南斗星的六颗星星。而线的右边，则是北斗星的形状，那一、二、三、四、五、六、七就是北斗七星。北斗是指路的，在天上处于领导地位，因此皇城啦、宫城啦，都要设在北斗的勺子里。也因此，应天府有 6+7 共 13 个城门。可北斗的勺子这块地方偏偏是个湖。老朱也真行，他竟然动员了十万军人，愣是把这个燕雀湖给填平了。图中皇城外的一圈虚线，就是原燕雀湖的旧址。

北斗星的区域，属皇家和上层官员所有，因此城墙质量特好，是用专为皇家烧制的 10 厘米 × 20 厘米 × 40 厘米大小的城砖砌筑的。它的墙基用条石铺砌，墙身用城砖垒砌外壁，中间为夯土，唯有皇宫东、北两侧的城墙，上下内外全部用砖实砌。城砖由沿长江各州府的 125 个县烧制后运来，每块砖上都印有监制官员、窑匠和工人的姓名，可见当时对都城建设的质量要求之高，也见证了我国早期的岗位责任制。

南斗星区住的是普通老百姓，城墙是用等级低得多的石头砌筑的。你若有机会，可到南面的通济门去瞧瞧。此门的西边城墙，用的是大石头；而东边城墙，则用的是城砖。

这座城跟“天”之所以联系密切，除了徐达的一句让老朱开心的话，还有一个重要的原因：它的规划设计者是当时掌管钦天监的刘基（刘伯温）。他不但熟知天象，还对皇帝的心理揣测得极好。比如说，刑部的位置不在衙门集中的地区，而在北面的太平门外，因为那里是贯索星的所在。贯索星又叫天牢星，是关押不听话的星星用的（瞧瞧，这叫天网恢恢啊，犯了法的星星都逃不掉）。朱元璋曾说：“我就躺在院子里看贯索星。要是那里出现流星，就说明你们刑部有贪赃枉法的行为。”

那么，应天府究竟有多大呢？它南北长 20 里，东西宽 11 里多，周长 67 里，面积 55 平方公里，比北京城仅小 5 平方公里。在这城墙之外，又修筑了一座周长达 50 余公里的外郭城，把钟山、玄武湖、幕府山等大片郊区都围入郭内，并辟有外郭门 16 座。要是连北面的外郭城都算上，说它是世界第一大古都也不为过。南京人，美去吧！

明清北京城　壮观的帝王之都

1368 年，朱元璋灭元建明，立应天府（南京）为国都。但他的儿子朱棣曾在北京当了 10 多年的燕王，对北方的山山水水乃至气候、人文环境都很熟悉，还特爱吃卤煮火烧，因此始终钟情于北京。当然，从政治上考虑，也是为了更好地防御北方少数民族入侵。当消灭了侄子，大权在握之后，明成祖朱棣就策

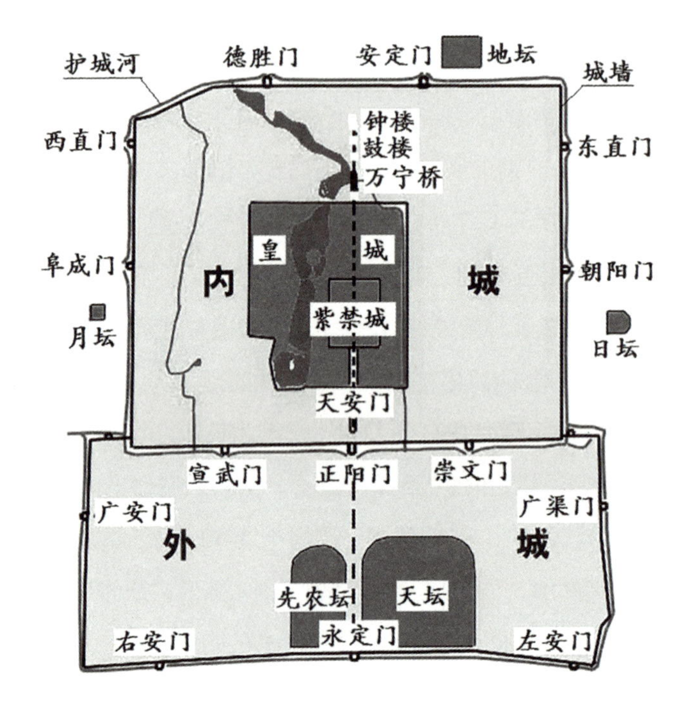

明中期北京城平面图

划并开始建设北京。永乐十八年（1420 年），他将国都正式从南京迁到了北京，只把老爸的坟留在了南方。

明代北京城是在元大都的基础上改建的。整个城市在原来三重的基础上又加了一重，由四圈城墙组成，紫禁城居中，外包皇城，再外是内城，最外是外城，重重环绕，把怕死的皇帝一家子严严实实地围在最中间。内城加外城总面积约 60.6 平方公里。除了为象征“天缺西北地陷东南”，内外城各缺一角外，每圈城墙大体都是方方正正的。（也有人认为，城墙缺角是由于修建时为了避开那里的河床或沼泽湿地。）因此，北京的街道都是横平竖直四平八稳且正南正北的（个别小胡同及湖泊河流附近的除外）。每个住宅单元——四合院也是规整的矩形平面，正房坐北朝南，厢房东西分列。北京人的方向感也因此极强——两口子晚上睡着睡着，老公觉得挤，推老婆一把：“头冲东睡去！”（佩服吧！）迷失方向叫“找不着北”。我在看不见窗户的西单商场里找个部门，人家告诉我：“西边。”我原地转了两圈，也没分清东西南北。唉，愧为北京人哪！

紫禁城，1925 年以后又称故宫，被包在最里面。紫禁城东西宽 753 米，南北长 961 米，占地约为 72 公顷，也就是 72 万平方米。它是皇帝居住、办公的地方，也是皇帝一家老小的住所。紫禁城于明永乐十八年（1420 年）基本建成。后因雷劈火烧等原因多次重建和扩建，但前三殿、后三宫、东西六宫仍是明代的格局。紫禁城的位置比元大都的宫城向南移了 2 公里，这是因为元代的宫城中心延春阁已被毁并改造成了景山。

关于紫禁城，我们在后面还会遇见它，这里就不多说了，省得啰唆。

皇城是第二圈，它把皇宫、园囿及为宫廷服务的部门包了起来。这样皇上要想简单地活动一下胳膊腿，就不用兴师动众地出城了。皇城东西宽 2500 米，南北长 2750 米。砖砌的围墙刷成红色，顶覆黄琉璃瓦，显出帝王特有的典雅尊贵。城的四面各开一门：南面是天安门，其余三面分别为地安门、东安门、西安门。除了天安门外，后三个城门现已不复存在，就剩地名了。如今你若走在长安街上，在天安门东西两侧，还能看见部分红墙黄瓦的城墙。

内城是第三圈，包在皇城外面。它的东西宽 6672 米，南北长 5350 米。城墙仅为夯土包砖。四面墙开有九座城门，因此有“四九城”之称。南面即正面三个门：崇文门、正阳门（前门）、宣武门；东面两个门：东直门、朝阳门；西面两个门：阜

1916 年的正阳门城楼

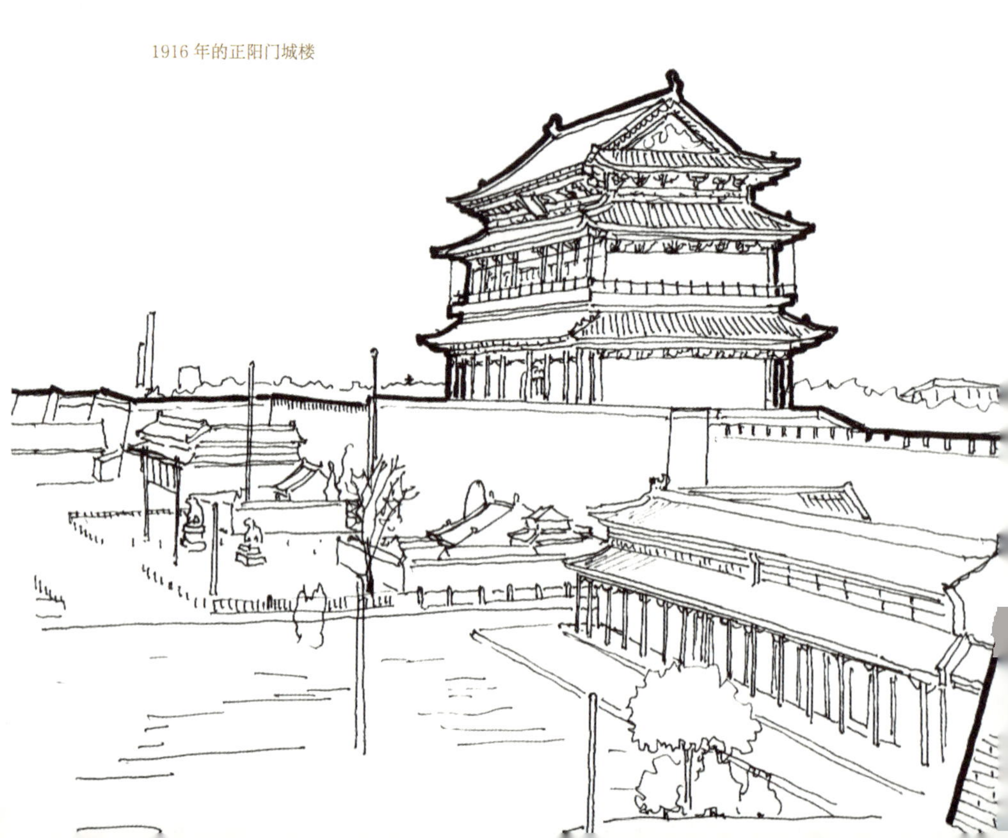

德胜门箭楼

成门、西直门；北面也是两个门：德胜门、安定门。

每座门都由里面的城楼和外面的箭楼两座建筑物组成。在城楼与箭楼之间，围有圆形或方形的瓮城，以便战时士兵可以安全地从城里前往箭楼。另外，一旦有了战事，这里还可以屯兵。还有一点也很重要，士兵上战场前得有人给念念经，保佑他们活着归来或死后上天，因此在瓮城里还建有一些小庙。

请注意城楼和箭楼的区别：城楼四面是敞开的，供官员在上面凭楼远眺观风景或八面威风检阅部队什么的；而在城楼之外的箭楼是打仗用的，除了射击孔外，基本不开窗。

在德胜门外，曾经有过一场惊心动魄的保卫战。那是明正统十四年（1449年）十月，瓦剌（蒙古的一支）军队把明英宗俘虏后乘胜打到北京城下，在西直门外扎下营寨。当时的皇帝明英宗的弟弟负责监国，后成为景泰帝。他继续任用于谦，于谦立刻召集将领商量对策。大将石亨认为明军兵力弱，主张军队撤进城里，然后把各道城门关闭起来防守，日子一久，也许瓦剌会自动退兵。

于谦说："敌人这样嚣张，如果我们向他们示弱，只会助长他们的气焰。我们一定要主动出兵，给他们一个迎头痛击。"

于谦把各路人马在城外布置好后，便亲自率领一支人马驻守在德胜门外，叫城里的守将把城门全部关闭起来，表示有进无退的决心。他还下了一道军令：将领上阵，丢了队伍就斩将领；兵士不听将领指挥，临阵脱逃的，由后队将士督斩。

将士们被于谦勇敢坚定的精神感动了，士气振奋，斗志昂扬，下决心跟瓦剌军拼死战斗，保卫北京。

最终，瓦剌军退去，北京在于谦的坚守下转危为安。

于谦，永世的英雄啊！德胜门见证了他的壮举！

清代的康熙远征噶尔丹，也曾由此门出征。

所有的城门外都有护城河，跨河设有吊桥，有需要时可供通行。内城的四角有曲尺形角楼，外城角楼则简单化了，就起了个二层小楼了事。

有趣的是各门分工明确，叫作九门九车：正阳门走皇帝的龙辇，朝阳门走粮车，东直门走木材车，崇文门走货车，数安定门最倒霉走粪车，西直门走水车，阜成门走煤车（因此城门洞里还

东直门城楼、瓮城与箭楼

老东北角楼

万宁桥

刻了梅花的图案)，宣武门走囚车，德胜门因为名字吉利历来都走兵车。不过挥师出征和得胜回朝不能走同一条路，因此德胜门没有城门洞，大家都绕着城楼逆时针行走。

明嘉靖年间，俺答汗率军进攻北京，有人提出，为安全起见，在内城之外加建一圈外郭，嘉靖准奏。于是，先从南面开工。(犯傻呀，敌军在北边呢！)嘉靖四十三年(1564年)南城建完，再想接着建另三面吧，一查国库，没钱啦！只好作罢，因此形成了现在北京城南面凸起一块的奇怪平面。这块南外城开有七座城门：东广渠门，西广宁门(清道光年间因皇帝名叫旻宁，忌讳宁字，遂改为广安门)，南面左安门、永定门、右安门，北面角落里一边一座的是东便门、西便门。北墙的三个门即内城南墙的三个门。

整个城市有一条南北走向的中轴线。这条中轴线沿用了元大都时以万宁桥（俗称后门桥）为中心的原则，全长 7.5 公里。

在 20 世纪 70 年代，我住在六铺炕时常带孩子来万宁桥一带逛商场吃炒肝。那时桥洞还被土埋着不见天日，只有一些汉白玉的栏杆无端地竖在街道旁令人费解。2000 年整治古河道时开挖并蓄水后，我才知道了它辉煌的历史。当年从南方征集来的粮食和银两从大运河运到通州，又从通惠河运到这里。曾经的万宁桥畔是千帆驶来，商贾云集的地方啊！

图为桥下看守河道的小龙——虮蝮，东西两侧各有一只。

桥西的虮蝮

那可爱的模样令人忍不住想要抚摸抚摸它。

这条中轴线上的建筑，都对全城的建筑布局和城市轮廓线的形成起着关键作用。其中，著名的有永定门、天安门、鼓楼等。而天安门又是重中之重，明清两代皇帝每年大祭祀都要从这里进出，国家有大典也要在天安门上颁诏。

鼓楼、钟楼则位于中轴线最北端。

清灭明后，满人特尊重文化，他们把明北京城的一切建筑都完好无损地保留了下来，实在是一件莫大的功劳啊！

明清北京城是集中了两朝全盛时期全国的人力和物力建设的，它既继承了历代都城的成功经验，也结合了当时的政治、经济、军事情况，规划严整，一气呵成，气魄宏大。明清北京城充分反映出咱们祖宗在城市规划和建设上最杰出的成就。

宫殿

宫殿是皇帝一家子的住处。我国目前保留完整的宫殿不多，也就是明清的北京紫禁城和清朝初期的沈阳故宫还算完好。但是唐代的大明宫实在太壮观了，虽然它已不复存在，咱们在这里还是追忆一下吧。

大明宫　唐帝国的统治中心

626 年，李世民在皇位争夺战中率先下手，杀了自己的哥哥李建成、弟弟李元吉。他老爸唐高祖李渊目睹儿子们互相残杀，心里老大不爽，可又不愿意数落自己这能干的儿子，干脆自动退了位，让李世民做皇帝（唐太宗），自己一天到晚坐在宫里弹琵琶消磨时光。李世民为了显出自己是孝子，就准备在太极宫东北方的龙首塬高地上，给老爸盖一座新的宫殿。谁知才开工几个月，李渊就因忧郁得病去世了，新宫殿也就此停工。

649 年，李世民的儿子李治（唐高宗）继位。因为打小就

含元殿两侧的阙楼

想象中官员上朝时的场景

含元殿

丹凤门

有关节炎，唐高宗觉得太极宫比较潮湿阴冷，于是下令扩建。662年，开工。一年多后，即664年元旦，新宫殿完工，命名为大明宫，意思是唐朝如日中天。

除了修大明宫，唐高宗还干了一件大事：娶了老爸的妾（理论上是自己的继母）当媳妇，还把她立为皇后，这就是主宰大唐半个世纪的武则天。

在大明宫的建设中，国家动用了几十万民工、15个州的赋税，还停发了长安城各级官员一个月的工资（这一招比较损），将此款挪作建设之用。当时却没听见有官员抱怨，可能是不敢，个别也许真是觉悟高。

大明宫是一座相对独立的城堡，可俯瞰整座长安城。它整体近似梯形，南宽1370米，北宽1135米，东西长2256米。总占地面积324万平方米，相当于北京故宫的4.5倍！其宫殿之壮观，可想而知。

从长安城进入大明宫的正门叫丹凤门。丹凤，即红色的凤凰，意指武则天。大明宫的主要宫殿有三个：含元殿、宣政殿、紫宸殿。举行国家大典在含元殿，一般国事在宣政殿，紫宸殿属后宫。这三大殿后来成了各朝代宫殿的范本，估计北京故宫的三大殿就是从这里学了去的。

正殿含元殿坐落在高15米，共三层的大台基之上。它前面的广场进深竟然有630米！那些可怜的外国使臣和本国官员们在大太阳地里，穿着朝靴，捯着小碎步，还得绕到侧面去，以便上朝拜见皇上，怎么也得走30分钟。不然，怎么能显出大唐皇帝的威严来呢？

含元殿的一左一右各有一阙楼。阙楼与含元殿之间有连廊。大臣们天天上班要从含元殿侧面的坡道爬上去。人在高墙之下，越发感到自己的渺小和皇权的高大。有诗专门形容上朝的景象："双阙龙相对，千官雁一行。"

唐代诗人王维也有诗句赞扬大明宫的气派："九天阊阖开宫殿，万国衣冠拜冕旒。"

三大殿的后面是别殿麟德殿。它坐落在一个一万平方米的台子上，本身的建筑面积有5000平方米，是已知古代木结构建筑中最大的单体建筑物。

北京故宫　明清皇城六百年

北京故宫历史上的称谓是紫禁城，1925年清朝最后一个皇帝溥仪被赶出来后，这里始称故宫。紫禁城始建于明永乐四年（1406年），至1911年清朝灭亡，这里曾住过24位皇帝。

我不得不遗憾地说，明清故宫的面积比汉、唐时代的皇宫都小。大概是人口多了，地方显得小了。故宫城墙上开有四个门：南面是午门，北面是玄武门（清朝康熙年间，因为皇帝名叫玄烨，遂改此门为神武门），然后是东华门、西华门。但就其建筑布局的严整紧凑、一气呵成，用料的豪华考究，建筑的富丽堂

紫禁城东北角楼

皇来看，却远远超过了前代。拿瓦来说，元代及其以前的宫殿仅主要殿堂用了琉璃瓦，到了明代则全宫满覆黄琉璃。从高处向下望，满眼皆是波澜起伏的金色屋顶，璀璨耀目，极为壮观。这点又胜过汉、唐宫殿许多了。

整个宫城外围有城墙和护城河，城墙四角建有 4 座华丽的三重檐角楼。传说建角楼时，皇上发下话来：角楼是紫禁城外观里最重要的一环，一定要特别漂亮。木匠的设计做了一茬又一茬，总是达不到皇上的要求，为此被处死了好几拨。正当木匠们绝望时，来了个卖蝈蝈的。一个木匠看见他那精巧而式样美观的蝈蝈笼子，忽然眼前一亮：咦！这不活脱脱一个角楼嘛。木匠赶紧将蝈蝈连笼子一起买了下来，将笼子当作设计方案献了上去，总算令皇上龙颜大悦了。现在 9 梁 18 柱 72 脊的角楼，就是按那个蝈蝈笼子的式样建的。

紫禁城总建筑面积有 16 万平方米。现在看起来不算大，很多商业楼都比这大多了。但是考虑到它是单层的，又有许多大大小小的院子，因此也算足够大了。

紫禁城的主入口——午门坐落在一凹形的台墩上，台墩正中是面阔 9 间重檐庑殿顶的城楼，下开 5 个外方内圆的门洞，两侧建有角亭和阙亭。午门建得巍峨壮观。不过，人们对于在戏文里听到的“推出午门，斩首示众！”这句话，却误解为就在午门外头行刑呢！其实在古代，行刑地点一般不固定，但肯定不是在午门附近，而是在大街上，经某些商铺的主人（比如西鹤年堂）同意，在他们门口实施。这样，会给附近的店铺带来很好的商机；对官府来说，在闹市区砍头，还可以起到杀鸡吓猴的作用。

从午门进来，穿过太和门之后，在一个极大的广场北端，7 米高的三层汉白玉栏杆围着的基座之上，你就会看见全国等级最高、装饰最华丽的历史建筑——太和殿了。朱棣之后的明清两朝皇帝登基和各种大典均在这里举行。太和殿面阔 11 间，深 5 间，屋顶用的是最高一级的重檐庑殿顶。

太和殿高大森严，殿前广场青砖墁地寸草不生，衬着林立的柱子、辉煌的藻井彩画，给觐见的大臣及外国使臣们造成皇帝至高无上的心理感受。一到这里，就知道什么是“压力山大”

午门

太和殿

了，真是连大气都不敢喘，咳嗽一声都有回音，更不用说大声喧哗了。

太和殿后面的中和殿，是皇帝举行典礼前后的休息之处。中和殿后又有保和殿，是皇帝宴藩臣和三年一次殿试取状元的地方。这三座建筑称为“三大殿”，是故宫的主要建筑。它们坐落在同一个“工”字形台座上。台座的长宽比是9∶5，正应了九五之尊的说法。

由于考场总是有舞弊，殿试就变得很重要了。传说有一年，某人贿赂了考官，竟然得以参加殿试。殿试时，乾隆皇帝亲自给此人出了个上联“一行征雁往南飞”，此人对的下联竟然是“两只烤鸭向北走”。乾隆说：“我说的是征雁。”那小子还犟呢：“您的雁是蒸的，我的鸭是烤的，对仗工整呀！”把乾隆气得哭笑不得，由此揪出一串贪官来。

紫禁城在修建时是重中之重的工程，全国一齐动员，工匠轮流上岗。同时施工的有工匠10万，民夫100万。石料均取自京西、京东，砖瓦多为山东所制，质量最好的金砖则来自苏州。明代故宫所用木料均为楠木，采自川、黔、湖、广。运输这些石料、木料时，在南方还可走水路，到了北方则多半是靠冬天往道路上泼水成冰，使木料在冰上一点点滑动，可想而知工程多么浩大艰巨。

今天的故宫里没了皇上坐龙廷，没了太监满院走。但是，站在一座座巍峨的宫殿前，环顾光秃秃的院子，你还是可以想见到当年大明、大清皇上的气派。不过，令我们更加赞叹的则是中国璀璨的文化和古人无与伦比的智慧、手艺和耐心。

北京景山　大明王朝终结于此

景山是紫禁城的北方屏障。当年明军打进北京后，毫不留情地摧毁了元大都的宫殿，并将瓦砾堆到了主要建筑延春阁旧址上，以表示对前朝的镇压，所以那时称这个烂砖瓦堆为“镇山”。后来在修建紫禁城的同时，一个聪明的建筑师对这个瓦砾堆进行了一番改造，把挖护城河等的泥巴都堆在砖瓦堆的上面，再种上树，盖上亭子，它便成了紫禁城的北屏障，名为万岁山。清顺治十二年（1655 年），这里改称景山。

整个园子的平面近乎正方形，占地 20 余万平方米。明代在山上曾建五个亭子，清初被毁。现在山上的五个亭子是清乾隆十六年（1751 年）重建的。正中央的万春亭正当全城的几何中心（对角线交点），也曾是全城最高点，其外形为三重檐的黄琉璃瓦绿剪边攒尖顶。它左右各辅二亭，沿东西方向一字排开，强调景山的屏障作用。

明崇祯十七年（1644 年）三月十八日夜，李自成的大顺军架起云梯猛攻西直门、阜成门、德胜门，太监曹化淳为大势所迫打开广安门放农民军进了城。皇后被迫自缢，倒霉的崇祯看大势已去，于是下了狠心杀女弑妃，可自己却还想活。他换上便

从景山山脚下看万春亭

服混在逃跑的宦官之中“微服”出宫，跑到了朝阳门。因为没有相片，他又不常视察军队，明军里竟没人认识他，不放他出城；无奈之下他转头又赶到安定门，这里倒是没有守军，可门闸太沉重，皇上又没练过举重，竟然抬它不起，只好回宫，心绪不宁地睁着眼坐了一夜。

十九日破晓，守城的兵部尚书张缙彦及军官、太监纷纷开城投降，起义军大将刘宗敏浩荡入城。崇祯得知此信，亲自在前殿敲钟召集百官，竟无一人前来。是啊，都泥菩萨过江自身难保了，谁还管皇帝呀！于是 34 岁的崇祯皇帝朱由检穿戴整齐后和从小跟他一起长大的 35 岁的忠诚太监王承恩徒步出紫禁城北门进景

1914 年的景山前街

山南门，一口气爬到了景山山顶。崇祯站在山上举目四望，只见满城一片混乱。他哭了，泪流满面。然后脱下龙袍，咬破手指，在衣襟上用血写下这样的话："朕凉德藐躬，上干天咎，致逆贼直逼京师，皆诸臣误朕。朕死无面目见祖宗于地下，自去冠冕，以发覆面。任贼分裂朕尸，勿伤百姓一人。"瞧瞧，国家亡了不说检讨自己，反而赖大臣。看看山顶没什么大树，二人又来到山下，找了棵老槐树，试了试还结实。朱由检赤足轻衣，乱发盖脸，与王承恩相对上吊而死。就这样，16 个皇帝当朝，历时 276 年的明朝结束在了景山脚下，还拉了个垫背的。

清军入关后，清顺治帝为收买人心，说那棵槐树置君王于死地，因此有罪，用一条大铁链子将它捆了起来。后人有句单评此事曰：“君王有罪无人问，古树无辜受锁枷。”那老槐树又活了三百余年死了，现今在原址又种了一棵槐树供人们凭吊遐想。1936 年，故宫博物院的员工们曾在老槐树下为崇祯立一小石碑，后来被拔除。

景山虽无西郊三山五园的气魄和优美，但因其位置的特殊，又曾是北京城里的制高点，还有过这段故事，历来都是旅游者必去的地方。

沈阳故宫　皇太极的发祥地

去过北京故宫后再去沈阳故宫，第一印象就是“小”。

沈阳故宫在辽宁省沈阳市城北，占地面积 6 万平方米，有建筑 90 余所，300 余间，是中国现存仅次于北京故宫的最完整的皇宫建筑。它集汉族、满族、蒙古族建筑艺术为一体，具有很高的历史和艺术价值。

沈阳故宫始建于后金天命十年（明天启五年，1625 年），那会儿努尔哈赤正忙着跟大明打仗呢！因此草创几栋房子之后，就先凑合住下了。11 年后的明崇祯八年（1636 年），皇太极登基称帝，改国号“后金”为“大清”。第二年，他扩建了整个皇宫。清顺治元年（1644 年），清政权移都北京后，这里成了陪都。从康熙十年（1671 年）到道光九年（1829 年），清朝多位皇

崇政殿

凤凰楼

清宁宫

帝总共 11 次东巡祭祖谒陵曾驻跸于此，并多次扩建。

沈阳故宫主体建筑等级较低。如果你还记得我们前面讲过的关于屋顶的常识，那你就会发现，这里的“金銮殿”——崇政殿，只不过是五开间硬山正脊式的建筑。它还是正殿呢！它建于后金天聪年间（1627—1636 年），即皇太极执政前期，是后金朝会和召见王公大臣之所。要不是山墙边包的琉璃和屋顶的龙状正吻，你会以为这是哪家有钱人的正房。

皇帝筹划军事、读书和举行宴会的凤凰楼，规模庞大，制式高级，楼宇辉煌。看来满人挺爱读书，对朝政仪式倒不是那么重视。

清宁宫是帝后的寝宫。它名字叫“宫”，其实也就是个五开

大政殿

左翼八旗王亭

间九檩硬山正脊式的建筑，看上去跟我外婆家的正房差不多。最有意思的是，它的门不是如汉族地区房子那样开在当中，而是依满族风俗开在边上。相对于崇政殿来说，这里显得安静多了。

除了住人，左侧的两间屋还用来供奉满族的宗教萨满教的神，以及举行祭祀仪式。

侧面的一个院子很有些意思，是左右翼王、满八旗旗主和皇帝议事的所在。当时，后金的皇帝皇太极为自己设计了个巨大的八角亭式的建筑——大政殿。面对着的大广场有两个足球场大，左右两侧各排列着四栋建筑，这是八旗旗主的办公室。皇上有事了，派人跑两步，就把某位王给召来议事，比打电话也不慢多少。真是直截了当，方便快捷。

布达拉宫　世界上海拔最高的宫殿

布达拉宫始建于7世纪吐蕃王朝赞普松赞干布时期。布达拉宫整个建筑群占地10余万平方米，房屋千余间，布局严谨，错落有致，体现了西藏建筑工匠的高超技艺。主体建筑分白宫和红宫，主楼13层，高117米，由寝宫、佛殿、灵塔殿、僧舍等组成。布达拉宫是历世达赖喇嘛的冬宫，也是过去西藏地方统治者政教合一的统治中心。从五世达赖喇嘛起，重大的宗教、政治仪式均在此举行，同时它又是供奉历代达赖喇嘛灵塔的地方。

远眺布达拉宫

第二讲

祭坛庙宇和园林

祭坛庙宇

皇帝虽然富有天下却心中胆怯，怕弟兄争位、怕外族入侵、怕农民起义、怕天灾降临。总之是表面上气壮如牛，内心胆小似鼠。为了给自己壮胆子，于是修了各种各样的祭坛，一年到头忙着磕头烧香，祈求祖宗在天之灵、天地日月风雨雷电各路神仙一齐保佑他江山万代永固，本人长生不老。既然是皇家建筑，这里说的四个祭坛都在北京。不是偏向北京，主要是这几个建筑群保存比较完好，知名度也高。

天坛　与上天对话的地方

古代的人认为，上天是主宰一切的。皇帝是天的儿子，因此祭天是件头等重要的事情。其祭祀场所天坛也建造得极宏伟。天坛在北京外城的南面，始建于明永乐十八年（1420 年），占地 270 公顷，有两重墙环绕着。两重墙的北面两个角都做成圆弧形，使它的总平面呈南方北圆，以附会古代“天圆地方”之说。

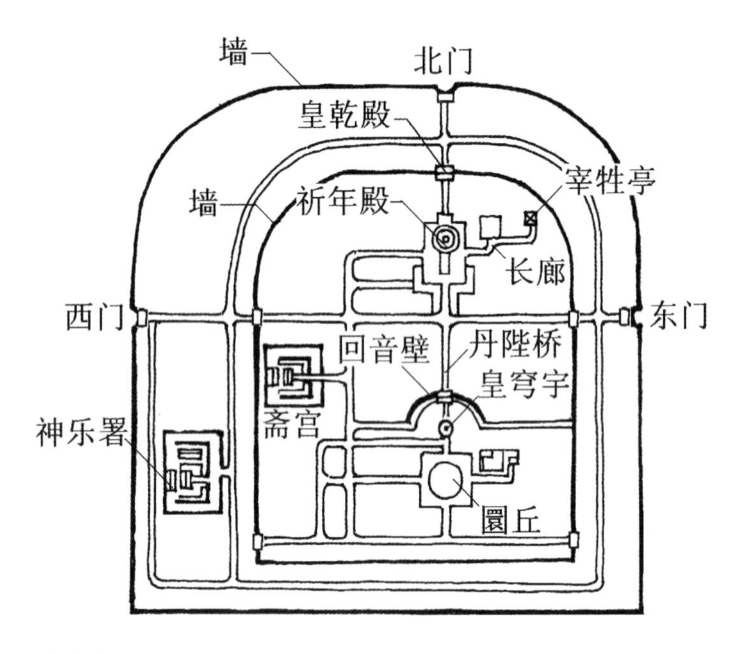

天坛平面图

祈年殿是天坛里体量最大的建筑物，它的功能是祭天以求丰收。它坐落在一个直径 90.9 米、高 6 米的三层汉白玉圆形基座上。建筑物本身的平面是直径 24.5 米的巨大圆形，其支撑屋顶的内柱高约 38 米，上覆三重檐蓝琉璃瓦。此殿在设计时极力象征天体时空。如当中的 4 根龙柱象征一年四季，外圈的 12 根金柱象征 12 个月，而圆形平面及蓝色的瓦则表示天。祈年殿结构雄壮、细部精巧，无论室内空间还是室外台阶、锥形屋顶，都有着强烈的向上趋势及与天相接的气氛。不论从建筑构造还是艺

祈年殿

皇穹宇

术处理上看，祈年殿都具有极高的价值。

祈年殿正南约700米处的皇穹宇是存放祭天时使用的老天爷的牌位用的。它的外面有直径63米的圆形围墙，即著名的“回音壁”。不过我认为建造此殿时并没有这项声学打算，因为开始建造天坛时，这堵墙是土坯的。后来风吹雨打的老是要维修，就改成磨砖对缝的砖墙了。又因为要有天圆地方的意思，北墙都做成了圆弧形的，就有了这个特殊的音响效果。回音的功能完全是瞎猫碰上死耗子，偶然被某一后人发现的。皇穹宇殿内的12根柱子里，有8根香楠木柱子乃明代原物。

圜丘位于天坛最南端，是祭天的祭坛。它是一座由汉白玉砌成的三层圆台，最下层直径54.5米。古人认为1、3、5等单数为“阳数”，而9是“极阳数”，所以圜丘的台阶、栏杆、面层铺石数都取9的倍数。圜丘的三层拦板共360块，暗合周天数360天。

自永乐皇帝以来，明、清共有22位皇帝到此祭过天。按规定，皇帝一年要来天坛三次：孟春（春季的首月，即一月）祈谷；孟夏（四月）祈雨；冬至祭天。每次祭祀前三天实行五不要：不吃荤，不饮酒，不吊丧，不听曲，连后妃都不准碰，沐浴后独住于斋宫，以示诚意。

天坛里还有一个我国最早的音乐学院。这是一个单独的院子，当初是演习祭祀礼乐的场所。因为此地原是供奉玄武大帝的显佑殿，教授音乐之事索性就由道士们掌管。后来乾隆皇帝烦道士，把他们轰了出去，改显佑殿为神乐署。

天坛在1900年时曾被八国联军占领，惨遭破坏。1918年开始作为公园开放。现为天坛公园。

先农坛　祈求丰收之坛

先农坛在北京城外城的南面，与天坛东西对称。它始建于明永乐十八年（1420年），清乾隆十九年（1754年）重修，占地约1.13平方公里，为明、清两代帝王祭先农诸神及举行籍耕典礼之所。太岁坛在先农坛东北，是祭祀太岁神等神祇的地方。

中国自古是以农业立国的，有“民以食为天”之说，历来重视农业。每年仲春（农历二月）的籍耕典礼，皇帝都要亲临先农坛，并且真事儿似的在一亩三分地里扶犁扬鞭走几步，表示“亲耕”了。大臣皇亲们也要跟在皇帝后头耕一阵子；皇帝比画完了，就上“观耕台”坐着，边喝茶边看大臣们继续耕作。

清嘉庆二十年（1815年）春的一次籍耕典礼上，皇上扶犁赶牛正要开耕时，那牛忽然犯了牛脾气，不肯走了。挨了好几鞭子，依然如故。换了一头，还是不动窝。这下气坏了皇上，忙坏了御前侍卫，十几个人连拉带推竟不奏效。嘉庆大叫起来：“反了！反了！”将鞭子一扔，气哼哼上了观耕台。到了众伴驾下地扶犁时，那些牛忽然改变方针，四散而逃，直视国家大典为儿戏。这下皇上更生气了，下令将供牛的大兴、宛平两地知县

坛座上的浮雕

观耕台

和顺天府尹（相当于北京市市长）一律革去顶带花翎交刑部严加议处。

1900 年八国联军入侵北京，美军便驻扎在先农坛。美国人酷爱打篮球，一看那“一亩三分地”平平整整的，正好跟一个篮球场差不多大小。反正皇上也不在了，就在这里打篮球吧。自此，这里就成了体育运动的好去处。1907 年，摇摇欲坠的清廷终止了祭祀仪式：皇上逃命还来不及呢，哪里还有心思表演种地呀。1930 年外墙被拆，坛内一块地方干脆就改为体育场了。如今，这里的南半部分依然是体育场。1964 年我在念大学时，为准备全国运动会（自行车赛），曾在这里集中训练了一个夏天。先农坛的北半部分现存的两坛及五组建筑以新旧并存的方式陆续对外开放。

太庙　明清皇家祖庙

太庙在天安门和午门之间的御道东侧，是皇帝祭祖宗的场所。这个祖宗是指现任皇上自己的当过皇帝的亲爹、亲爷爷。明朝的嘉靖皇帝因为不是上一茬皇帝明武宗朱厚照的儿子，而只是他堂弟，也就是说嘉靖皇帝自己的亲爹其实没当过皇帝，只是个亲王，因此他爹的牌位不能进太庙。16 岁的嘉靖登基伊始，为争取老爹的牌位进太庙，上下闹腾了好几年，即所谓的“大礼议”事件。最后，嘉靖终于如愿以偿。

太庙前殿

太庙始建于明永乐十八年（1420 年），有两重围墙。第一重是红墙黄琉璃的宫墙，墙外密植柏树。它的主入口在天安门和端门之间的东庑。第二重墙的正门是正北面的戟门。戟门前有金水河及七座石桥，再向里是前、中、后三大殿。前、中殿共建于巨大的工字形三层汉白玉台基上。前殿面阔 11 间（明代为 9 间），重檐庑殿顶，等级与太和殿相同，是皇帝祭祀时行礼的地方。为收买人心，两侧建东西庑各 15 间，以设有功的皇族和大臣的牌位。谁家的祖宗牌位要是能进这间屋，足够他家吹好几辈子牛的。这间庭院墁铺条砖，平整而空旷，与墙外500多棵森森古柏形成强烈的对照。中殿面阔9间，单檐庑殿顶，殿内放已故历朝皇帝皇后的“神位”。中、后殿东西各有配殿5间作辅助用房。后殿之后一座琉璃瓦门即第一重围墙的北门。

1924年，在当时京都市政公所督办朱启钤先生的建议下，太庙被辟为了“和平公园”；1928年成为故宫博物院的一部分；1950年改为劳动人民文化宫。

大高玄殿　皇家御用道观

大高玄殿在景山西侧，现景山前街。它建于明嘉靖二十一年（1542年），为明、清两代供奉三清的皇家道观，或称斋宫。明代宫女在此教习，整天炼丹修道的嘉靖皇帝也是这里的常客。

整个建筑群占地面积近1.5万平方米，平面呈矩形，坐北朝南。自南向北依次为品字形的三座牌楼（俗称三座门）、两座亭子、第一重琉璃门、第二重琉璃门、过厅式大高玄门、大高玄殿、九天万法雷坛及两层楼的乾元阁。

正殿大高玄殿面阔七间，重檐庑殿黄琉璃顶，两侧有配殿，原本等级极高。

殿外最南端曾有三座牌楼，南面一座，北面东、西各一座，均为木构三间四柱，上有高低错落的九座庑殿顶。每个牌楼高14.42米、宽9.75米，那重檐之下钩心斗角、金碧争辉、穷极工巧，倚立在筒子河边，待朝日初起、夕阳余晖时美不胜收，曾是北京人极喜爱的一景。还曾有两座亭子名曰习礼亭，屋顶为三重歇山黄琉璃瓦顶，人称九梁十八柱，其复杂与华丽程度在亭子类中实属少见。

这一组三楼两亭的道教仪制性建筑，无论布局还是建筑本身都是国内仅有的，可惜 20 世纪 50 年代因拓宽道路，将牌楼、亭子全部拆除，片瓦不留。琉璃门、大高玄门、大高玄殿等主要建筑也被有关部门占用，目前正在修缮中。修缮完成后，将逐步向公众开放。

牌楼及习礼亭

园林

中国古代造园艺术师法自然，寓诗情画意于其中，在世界园林中独树一帜。苑囿（皇家园囿）是这一建筑类型里杰出的代表作，其中又以北京的皇家园林最为壮观，保存得也最好。北京自金在此建都近千年来，在皇家园囿建设上有很大的成就。经过几个朝代的经营，西山一带便逐渐成为历代帝王显贵的游憩胜地。

现如今城里的北海、西郊的颐和园，都是当初为皇家精心打造的。这些园囿规模宏大，气局开朗，撷取自然景物的菁华，模山范水，既有完整的总体设计，也有精心结构的局部景象，富丽而雄奇，有如波澜壮阔、金碧辉煌的绘有仙山楼阁的巨幅国画。

现在，我们到几个有代表性的皇家园林遛一遛吧。

北海　四朝皇家园林

北海在北京老皇城内，位于故宫的西北方，是金、元、明、清历代帝王的御苑。

现在北海的规模是清代所形成的，但它的年纪可老了去了。

远在辽代，北海琼岛上就建有行宫，最高处的古殿相传是辽国萧太后的梳妆台。金大定六年（1166 年）在此建大宁宫，后改称万宁宫。又改岛名为琼华岛，在山顶建广寒殿，堆砌假山。蒙古人南下时，金宣宗望风而逃，这里成了无人看管的三无世界。名道士邱处机曾到此一游，并写诗赞美道："十顷方池闲御园，森森松柏罩清烟。"

蒙古灭金时，城里的皇宫虽被夷为平地，这里却因远在当时的北郊而得以幸免。元大都时，北海被圈入皇城。忽必烈生长在辽阔的草原上，喜爱大自然，在皇宫里待着显然太憋屈，因而整日泡在这里，把它当成了政治中心及大会堂。

明初扩展中海并开掘南海，到了清代，又在琼华岛绝顶上建喇嘛塔及寺院，并在琼华岛的四面及东、北岸增建了大量亭榭楼台。

北海中间的琼华岛和岛上的白塔为全园中心。琼岛是神话里"一池三山"中蓬莱仙岛的象征。白塔是顺治皇帝接受西域喇嘛的建议所建，塔身圆润，其上是细长的十三天，顶端为华盖，下悬 14 个铜铃。我认为白塔是同类塔里最美的一座。

整个琼岛的北面，环绕着一段两层高的柱廊。从对面远远望去，恰似女人颈上的珍珠项链，为琼岛平添了几分妩媚。

白塔南面以寺院为中心，而北面改为依山随形布置亭榭，用

琼岛上的白塔

曲折宛转的假山洞壑及游廊相连，颇具变化之能事。文物专家单士元有诗赞曰：“琼岛玉宇望西苑，太液碧照漪澜间。莫道蓬莱方丈好，都城北海有洞天。”

北岸有长 25.5 米、高 5.96 米、厚 1.6 米的琉璃影壁，即著名的九龙壁。修建此壁的原意是以龙避火。壁的两面每面都镶了九条大龙，衬以云水，色泽艳丽、形态生动、拼接准确。我曾细细地数过，除了两面各 9 条大龙之外，在各处还发现了上百条小龙，这是九龙的孩子还是属下，不可得知。

五龙亭由当中重檐的龙泽亭和两侧渐低的重檐的澄祥、涌瑞亭和单檐的滋香、浮翠等四个亭子组成。其中龙泽亭下方上圆，

九龙壁

静心斋假山

结构精巧，造型独特，是由北岸观琼岛的最好去处。

再往东走，可以看见一座庙宇，叫西天梵境。它前面有黄绿两色琉璃牌坊和山门及天王殿等。大殿为黄绿两色琉璃的无梁殿，与颐和园智慧海同为清代仅有的两座大型琉璃饰面楼阁建筑。然后还有供皇子们读书的园中之园：静心斋。不过要是让我在这有山有水的亭台楼阁里念书，我怕是静不下心来。

多么幽静而平和的园子啊！可在白塔下一小广场上，竟然埋伏着五门大炮！它们是用来打仗的吗？否。原来在清朝初年（顺治十年，1653 年）天下尚不稳定，皇上唯恐有人造反，一旦打进北京乃至故宫来，得有人迅速赶来勤王啊！可没电话没手机的，怎么通知下面一干人等呢？有人出了个主意：鸣炮。但是炮的响动太大，没准部队还没集合完毕，就先把皇上一家子吓出个好歹的。于是就在位于市中心，又别太惊吓到皇上的北海里选一高地，安上五门大炮。一听炮响，上至官员下到士兵就都知道，“哥儿几个，赶紧行动吧，皇上在喊救命了”。当然了，炮手需要看到皇上发出的一个牌子“御旨放炮”方可开火。不然就乱了套了。

团城　园林中的园林

团城在北海和中海之间，北对北海的积翠堆云桥，西对金鳌玉蝀桥（今北海大桥）。高耸城墙的包围之下，令它看上去更像一座古堡。

团城是与北海同时建造的，原先它只是大湖里的一个小岛，元代围绕小岛建了一圈墙，因而有了团城之名。其主殿承光殿平面呈亚字形，重檐歇山顶，四面出抱厦，四边的屋檐翼角作欲飞状。殿前正中有琉璃方亭一座，内陈元代至元二年（1265年）所雕玉瓮。此瓮名曰“渎山大玉海”，其体量之巨大实为玉品中罕见，且玉质莹润、雕刻生动，是元代著名的宫廷珍宝。幸亏它太大，强盗搬不走，小偷背不动，才得以经明、清辗转流传至今，是真正的国宝级文物。它高 0.7 米，最大处周围 4.93

承光殿

米，重约 3500 公斤。玉料为青灰黑斑色，产地河南南阳。玉海外壁雕饰隐起的汹涌波涛和游弋沉浮的海龙、海马、海猪、海犀等不同动物和海兽。它完工后，奉元世祖忽必烈之命，置元大都太液池中的琼华岛（今北京北海琼岛）广寒殿，清代移至团城。

奇怪的是团城高出地面 4.6 米，且无水源，何以立面的大树并不缺水呢？这个谜近年来才被揭晓。原来铺地砖的断面上大下小，类似压扁了的斗；更为有趣的是，砖底下的衬砌材料

渎山大玉海

是一种吸水性极好的东西，类似泡沫塑料。下雨时它吸收了大量水分，干旱时让大树慢慢喝。而且团城的城墙上没有泄水口，显然是成心让雨水滞留在城内。聪明的祖先哪，真令我敬佩不已！

顺便提一句：在扩建北海和中南海之间的道路时，本打算将团城拆掉，在梁思成先生的多方努力之下团城才得以保留下来。谢谢您，梁先生！

颐和园　慈禧太后曾在这里遛弯儿

颐和园在北京城西北 11 公里处，占地面积约 290 公顷，水面占 75%。早在元代便有人开始在这里经营园林，那时山称瓮山，湖叫金海。

清乾隆十五年（1750 年），为庆祝皇太后 60 大寿，改瓮山为万寿山；又疏浚湖泊，扩大水面，在湖东筑堤，将其命名为清漪园，成为供皇家游赏的园囿。清咸丰十年（1860 年），清漪园被英法联军烧毁。1884 年，光绪为讨好慈禧，下令重修此园，并改名颐和园。1900 年，颐和园又遭八国联军破坏，文物被抢走，很多建筑被烧掉。三年后再次修复，但后山的藏式寺庙等多处建筑因无力恢复，至今仍保留着不少残垣断壁。唯有琉璃塔一座，屹立山间。

佛香阁建在极其高大的石台之上，是全园的景物中心，也是俯瞰全园的最佳位置。在建园（清漪园）之初，乾隆皇帝起初设计是在这个位置建一座九层宝塔，名字都起好了，叫延寿塔。建到第八层时，乾隆亲自实地监工，发现这个塔太高太瘦，镇不住整个万寿山，毅然决定拆去，才有了今天这个 41 米高的佛香阁。可见，乾隆是个极懂建筑又勇于改正的人。从此，佛香阁不但成了整个颐和园镇山之物，从某种意义上来说，也是北京的标志性建筑之一。从颐和园的几乎所有地方，你都可以看见这个庞然大物。登阁四望，南有水波浩渺中的龙王庙岛（又

后山的琉璃塔

佛香阁

画中游

称南湖岛）和十七孔桥，东有高下参差的知春亭、文昌阁和玉澜堂，西面的西堤六桥倒影婆娑，远塔刚直，近田碧绿，真是美不胜收。

最值得称道的，是颐和园所采用的借景手法。这移山借景的手法以及运用之妙，是其他园林难以比拟的。远借西山，中借玉泉山的玉峰塔，近借西边的湖泊，使得颐和园在感觉上比实际大了很多很多！

前山里还有几组建筑，其中最好看的是画中游，最神奇的是铜亭。铜亭正名宝云阁，是由 207 吨铜浇铸而成。其细部完全

长廊东端的邀月门

仿照木结构，令人叫绝。铜亭因为铜不易被烧化而躲过了英法联军罪恶的火焰。亭内那2吨重的供桌曾被侵华日军抢去，打算从天津运走。1945年日本投降后被追回，现安放原处。这帮日本鬼子，什么都偷！

东起邀月门、西至石丈亭的728米长的长廊，按建筑的间数（四柱为一间），共有273间。间间雕梁画栋，并绘有187个故事。

下面是我临摹的四幅画，请欣赏。没准以后再逛颐和园，你能在长廊里找到它们呢。

走马荐诸葛

王羲之爱鹅

西天取经

画龙点睛

长廊西端的湖里，有一艘开不动的船——石头船。它的学名叫清宴舫，老百姓都叫它石舫。这是一个学西洋式学得很不彻底的东西。西堤以东的南湖上有龙王岛，上建祀龙王的广润灵雨祠，又称龙王庙。岛东的十七孔桥与东堤相连，是从万寿山南望的重要对景。东岸有一铜牛，

铜牛

清宴舫

端坐岸边翘首西望。据说牛是镇水之物，有它在，无水患。

说到水，就不能不提桥。颐和园总共30多座桥，其大小、形状、材质均不相同。光是看桥，就足够你看上两天的，你信不信?

从前，颐和园虽然是皇家独享的园子，但除了东面、北面以外，为了贴近自然，西面、南面竟然没有围墙。直到乾隆四十五年二月，巡逻兵抓住一名老百姓。开始以为是什么歹人，后经审判，敢情他就是住在附近的普通农民，完全是误入园林深处。为了安全起见，后来才建了一整圈围墙。

颐和园是我国现存最大的皇家园囿，既有完整的总体设计，又有构思精密的建筑和景物布置，体现了我国传统造园艺术的最高水平。说它是现存古典园林中绝无仅有的瑰宝，绝不是吹捧。去北京而不去颐和园者，极少。

圆明园 历经劫难的皇家园林

圆明园在西郊颐和园之东，原来规模不大，清康熙四十六年（1707 年），康熙皇帝曾把这里赐给雍亲王做了私家花园。雍正即位后大加扩建。乾隆皇帝于乾隆二年（1737 年）再次扩建，增加了仿江南名胜的圆明园四十景，随后又在东面新修了长春园，在南面合并若干王公私园，建成了绮春园（后改称万春园）。圆明园、长春园、万春园三个园子合称“圆明三园”。

圆明三园里绝大部分都是中式建筑，它们的设计师是清代御用建筑师雷家，人称“样式雷”。但进行总体构思的则是皇帝本人，尤其是雍正皇帝，他在这里倾注了大量心血。只有“西洋楼”和“水法”是意大利传教士郎世宁仿法国洛可可式构图设计的。当初他要用女人的裸体雕像作喷水池边的装饰，方案都做好了，呈上去御览。雍正一看吓一大跳：女人不穿衣服！这还了得啦！给我换成动物！这才有了十二生肖的铜质兽首喷泉。

圆明三园前后历经一个世纪的修建，共有千余景点、上万座大小宫殿。它的面积足有 500 个足球场那么大！这样的规模无

西洋楼遗址

论在中国还是全世界都是空前的，在当时即已闻名中外，被誉为“万园之园”。圆明三园是清廷不遗余力，穷极匠心，倾全国人力物力财力所建，反映了清代建筑、装修、造园的最高水平，且聚集大量财宝于此。

咸丰十年（1860 年），英法联军动用了 170 艘战舰、两万名官兵，在一个叫额尔金的“英国特命全权大使”和另一个叫格兰特的法国军官带领下侵入中国。8 月打天津，10 月打北京。清军

大水法遗址

虽做了殊死抵抗，却因大刀无法与火枪火炮对打而屡战屡败。9月21日通州以西八里桥一战，清军以5万名士兵对英法联军1万多名士兵。结果千余名中国兵阵亡，八里桥下血流成河！

当时传言，英法联军打下通州后，本打算直接打北京城。这时出了个汉奸，名叫龚橙，是大文学家龚自珍的亲儿子。这个败家子那时当着英国领事馆的“记室”，不管是不是心甘情愿，反正是他告诉洋鬼子什么地方有宝物，还服务到家地带着洋鬼子到了圆明园。

驻扎在附近的清朝军队在僧格林沁带领下“望洋而逃”，仅余少量守园的太监，哪里是荷枪实弹的洋兵的对手！在他们全部遇难后，10月6日当天，圆明园被占领。从8日到10日，联军在圆明园里进行了3天的大抢掠，凡能拿走的都拿走了，拿不走的则打得粉碎！冲天的大火烧了三天三夜，灰尘则在空中飘荡了一星期。当时在园中尚有300多名无家可归的太监、宫女，见大火燃起，无奈之下跑到了他们认为最神圣的皇家祖庙里去。结果300多人竟活活地被烧死在屋里！

那些被抢走、被偷走的我们的国宝，那些凝聚着中国匠人的心血，沾染了无数中国人鲜血的文物，至今还堂而皇之地放在大英博物馆里，放在大亨们的客厅里。上帝惩罚他们了吗？有人为此惭愧过吗？

天理难容啊！

因为建筑全部倒塌，宝物有影无踪，圆明园至今无法恢复原貌，现被辟为遗址公园。

第三讲

帝王陵寝

陵墓

“墓”字在古代和“没”“殁”同音，意思是人死了就没了。在春秋以前，死了人是“墓而不坟”的，后来大概是猪拱鸡刨的，弄得满地骨头令后人不忍，才加了状如山丘的坟头。

过去老百姓家死了人，一般就挖个坑，埋下棺材，上面再堆个土包就行了。帝王的陵墓和常人的就有所不同了，它经历了三个发展阶段：第一阶段称为“上方式”，即用黄土夯筑成上小下大的方锥体，类似金字塔，只是少了个尖。陕西临潼的秦始皇陵就是这种。第二阶段是以山为陵。此类陵墓始于汉而盛于唐，唐太宗李世民的昭陵便是在长安西北凿山而建，山石坚硬且用铅水封闭，难以被盗。但是如此坚硬的石头山并不好找。于是有了第三阶段——宝城宝顶阶段，如明十三陵的形式。这种陵墓是极尽张扬之事，在地上砌筑起高大的环形城墙，称为“宝城”。城的前方起楼称“明楼”，城墙内用土堆出一个高高的圆包，称为“宝顶”。明清帝王陵寝的棺椁在玄宫之内，这些陵寝的命运各不相同，有的被发掘（如明定陵），有的被盗掘（如清景陵），还有的保存至今（如明景陵等）。

咱们就从已发现的古老墓地看起吧。

古燕国王公墓　西周燕国诸侯之墓

这个墓在北京的房山区。那天我到西周燕都遗址博物馆时，时间尚早，二门紧闭，但大门已开。于是，我坐在台阶上跟同样远道而来等着开馆上班的馆长聊起了天。他告诉我，20世纪40年代，有一位大学生路过京郊琉璃河，无意中在地上捡了一块瓦当，仔细一看觉得此物不凡，就到处呼吁挖掘并研究那一带。但当时的政府忙着打仗，没心思考古，此事就放置不提了。1970年，某村民在自家地里掘井，挖出一件61厘米高的完整的青铜器，便立即亲自前往城里，将青铜器交给了有关部门，于是乎得到了一本《毛泽东选集》和5角钱，刚够他乘火车回家的。

据此，1973年文物部门开始对琉璃河的董家林村进行探挖和研究。经过十多年的工作，发现了大约是西周时期燕国的城墙及200多座墓葬。这些墓葬都是简单的矩形夯土坑，呈台阶形，上大下小。最底下的坑里安放墓主，上几层放陪葬的物品，其中最大的一件就是1970年那位村民交来的“堇鼎”。目前已确认的几个墓主人复、伯矩、攸、堇、圉，都是燕侯手下的大臣。周成王封诸侯时把第五个叫“召”的儿子封到了燕。这几位大臣的墓坑里都只葬着墓主本人、一辆车、两匹马和几十件青

董鼎模型

铜器。其中那个叫攸的看来是个财迷，他的肚子上放满了古代当作钱用的小圆贝壳。

这一带肯定还有古墓，但眼下不敢开挖，怕一见天日，有的文物就都迅速氧化了，也就是说，化为乌有了。等到科技进一步发展，能够完好地保存地下的文物时，我们就可以知道更多的事情了。

中山国王陵　东周中山国君之墓

1978 年，考古工作者在河北平山县上三汲乡挖掘到最早的

错金银虎噬鹿屏风座

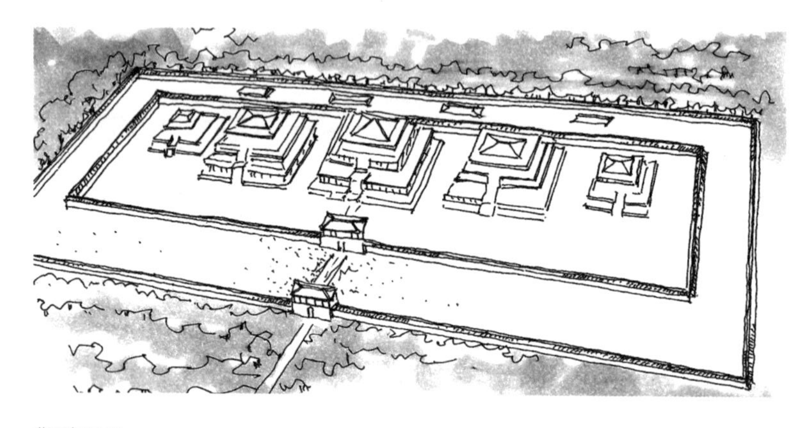

墓园复原图

诸侯王一级的陵墓，是战国时代中山国的墓。此墓北面是灵山，南面是滹沱河。可见那时的人已经形成背山面水的风水概念。墓地呈回字形，外廓南北长 110 米，东西宽 92 米，深 29 米。外圈叫中宫垣，内圈叫内宫垣。内宫垣里正当中有座居于高台之上的两层建筑，称为“王堂”。左、右还有哀后堂和王后堂。这种在坟茔上建房子的做法，后世不多见了。

在这个古墓里出土了大量精美的陶器，有动物、人物形象的生活用品和礼仪用品，其中最精致的是错金银虎噬鹿屏风座。它只有 21 厘米高，但老虎咬住鹿的一刻被塑造得栩栩如生，其力度和动感有极大的震撼力。

中山国是战国时代一个仅存 100 多年的国家，由白狄族鲜虞氏建立。后因国家被灭，白狄族遂与汉族杂居而被同化了。

秦始皇陵 尘封的帝国之谜

秦王嬴政 13 岁即位，当年就着手修建自己的坟墓，真是有“远见”。当然，人总是要死的，派徐福去寻找长生不老药，那只是自欺欺人罢了。秦灭六国后，秦始皇又动员了 70 万俘虏当劳动力，给自己修墓。

秦始皇的墓在西安市临潼区骊山脚下，那风水自然是极好的。规划设计的是他的丞相李斯。墓的外形为三层式的金字塔，高 76 米。它的底边南北长 350 米，东西宽 345 米，基本是方形的。考虑到以现在的技术，恐怕挖出来后的东西不好保存，因此目前有关方面也不急着开掘这位统一中国第一人的墓。

秦始皇陵没有被挖掘，但他的卫队在地底下憋得慌，就提前出土了。1974 年，一农民在秦始皇陵坟丘东侧 1.5 公里处打井，无意中挖出一个陶制武士头。他并没有私自倒卖，而是上交给有关部门了。这个陶俑头受到有关组织的重视进而组织发掘，

兵马俑坑

兵俑

将军俑

才有了使全世界都为之震惊的兵马俑。这支7000人的地下部队显然是负责守卫秦始皇陵的。

兵马俑的个头跟真人一样，表情极其丰富且长相各不相同。其雕塑水平不但在2000多年前，就是在现代，也属上乘。尤其那些当兵的发式，做得那叫一个细致。去西安的时候一定要看兵马俑。

汉武帝茂陵　规模最大的西汉帝陵

茂陵是汉武帝刘彻的陵墓，位于陕西省咸阳市市区和兴平市之间的北塬上，距西安40公里。在去茂陵的路上，出租车司机给我讲了个故事，说是刘彻在为自己的陵墓选址时，曾经请了两个当时最著名的风水先生，两人均为道士。刘彻命他俩先后为自己选一处风水宝地。甲道士看好了一处后，在地上浅浅地埋了一枚铜钱以为记号。乙道士随后也去选了一地，在地上钉了一枚钉子为记。等到汉武帝派人去查看时，发现乙道士的那枚钉子竟然钉到了甲道士埋的铜钱的钱眼里。可见英雄所见略同，于是汉武帝便选中了这里。

建元二年（公元前139年），汉武帝开始在此建自己的寿陵。53年后，这个陵墓才派上用场。汉武帝把每年税收的三分之一用在修建自己的陵墓上，因此茂陵建筑宏伟，墓内随葬品极为丰富。

茂陵封土为覆斗形，现存残高46.5米，墓冢底部基边长

茂陵碑亭

马踏匈奴石雕

240 米。整个陵园呈方形，边长约 420 米。至今东、西、北三面的土阙犹存，陵周围尚有李夫人、卫青、霍去病、霍光（霍去病同父异母的弟弟）、金日磾（原匈奴休屠王的太子，后投汉，赐姓金）等人的陪葬墓。它是汉代帝王陵墓中规模最大、修造时间最长、陪葬品最丰富的一座，被称为“中国的金字塔”。

不过这里远不如金字塔热闹，看着荒草丛生的。大概人们对汉武帝的兴趣远不如对埃及法老吧。其实我挺为他抱屈的。汉武帝是汉朝第七位皇帝，16 岁登基，在位达 54 年。他可谓一个雄才大略的皇帝，文治武功，功绩显赫，和秦始皇被后世并称为“秦皇汉武”。我认为他唯一犯的重大错误是鼓吹“罢黜百家，独尊儒术”，这使得中国在很长的时间里成了孔老夫子的一言堂。

除了这个土堆外，在咸阳塬上共葬有西汉 11 个皇帝中的 9 个，还有一些王公大臣的陪葬墓，再加上为防盗墓而以假乱真用的疑冢。走在公路上往两边看，简直就是处处土堆处处陵，不知哪堆是真坟。

霍去病墓　匈奴未灭，何以家为

霍去病墓位于陕西省兴平市东北约 15 公里处。实际上，霍去病墓可算是汉武帝茂陵的陪葬墓。

霍去病是西汉抗击匈奴的著名将领，是汉武帝第二任皇后卫子夫的姨甥，名将卫青的外甥。他 18 岁就率轻骑八百，进击匈奴，歼敌两千，后被封为“骠骑将军”。此后六次率领大军出击匈奴，击败匈奴主力，打开了通往西域的道路，官至“大司马”“骠骑将军”，以功受封为“冠军侯”。元狩六年（公元前 117 年）病逝，年仅 24 岁。汉武帝因其早逝十分悲痛，下诏令陪葬茂陵。为了表彰霍去病河西大捷的赫赫战功，汉武帝命人用石块将墓冢垒成祁连山的形状，象征霍去病生前驰骋鏖战的疆场。

霍去病墓前共有 16 件石刻，包括石人、石马、马踏匈奴、怪兽吃羊、卧牛、人与熊等，题材多样，雕刻手法十分简练，造型雄健遒劲，古拙粗犷，是中国迄今为止发现的时代最早、保存最为完整的大型圆雕工艺品，也是汉代石雕艺术的杰出代表。其中“马踏匈奴”为墓前石刻的主像，长 1.9 米，高 1.68 米，由灰白细砂石雕凿而成。石马昂首站立，尾长拖地，腹下雕手持弓箭匕首长须仰面挣扎的匈奴人形象，是最具代表性的纪念碑式作品，在中国美术史上占有重要的地位。这些雕塑现保存在茂陵博物馆内。

南京六朝墓　半部六朝史

从三国的吴国（229 年孙权称帝）开始，有六个大小朝廷曾在南京建都。它们是：东吴（229 年），东晋（317 年），南朝宋（420 年）、齐（479 年）、梁（502 年）、陈（557 年）。后四个朝廷可不是赵家的那个大宋朝，也不是春秋时代的齐国，而是在东晋之后出现的南北朝的四个小国。

这六朝贵族们不约而同地看中了南京市北面的原下关区（现属鼓楼区）这块风水宝地，尤其是象山附近，于是扎着堆纷纷在这里建墓。这里地处长江南岸，且多山岗。你如果去那里，会发现下关区有许多小山包和土岗，估计这些山包大多是古代的墓葬。至今已经找到了十一座东晋王氏家族墓穴，这些墓穴主人均为赫赫有名的六朝高官。仅从一个东晋尚书左仆射王彬之墓，

六朝墓的守护神——貔貅

就出土了 200 余件文物。而王彬之子王兴之的墓志书法，反映了六朝书法从篆、隶走向楷书的演变过程。

说象山一带见证了半部六朝历史，丝毫不过分。

唐太宗昭陵　开创唐代帝王依山为陵的先例

昭陵位于陕西省礼泉县东北 22 公里九嵕山的主峰上。由于我去的时候直达的大路正在施工中，不得不绕行，走了不少崎岖的山路，也欣赏了很多美丽的山景。尤其让我难忘的是陕西人的客气，出租车司机问路时，看见年长妇女，总要先招呼道

“厄（我）姨”，仿佛她跟他是一家子。

这座九嵕山山势突兀，海拔1188米；地处泾河之阴、渭河之阳，并与太白、终南诸峰遥相对峙。昭陵的玄宫（即墓穴）就凿建于九嵕山南坡的山腰间。陵园方圆60公里，就气势之壮观雄伟而言，可以说是空前的了。

唐太宗李世民像

昭陵从贞观十年（636年）长孙皇后死后开始营建，直到贞观二十三年（649年）李世民入葬时才算竣工，历时13年。唐太宗生前曾宣称要俭约薄葬，这不过是掩人耳目的好听话。事实上，昭陵建制十分奢华。据文献记载，昭陵玄宫的墓室深250米。墓道前后有五重石门，墓室宏伟富丽，与阳间的宫殿无异。墓门外沿山腰还建有许多木构的房舍游殿。不过，如今

昭陵碑

这些附属建筑早就不见踪影了。由于玄宫前面山势陡峭，所以来往不便。当初修建时是顺山架设栈道，左右盘旋，绕山 300 米，才到达墓门。尸体入殓后，又将栈道全部拆除，与外界隔绝。我们只能远远望山兴叹，无法到得跟前。况且有说法称昭陵早已被盗，就是进去了，恐怕也只能是空无一物喽。

从墓碑可以看出来，昭陵碑与汉武帝茂陵碑的形制十分相近。

乾陵　李治、武则天合葬墓

如果问世界上哪个皇帝的陵墓最难挖，那么李治与武则天的

“万年寿域”——乾陵无疑是最佳之选了。

武则天是一个善于用时间打败一切的人。她 14 岁入宫，先是用 18 年时间当上了皇后，然后又用 35 年时间当上了皇帝，死后又用 1300 年时间证明了自己陵墓的坚固及其魅力的不朽。就连郭沫若临死前都还念念不忘请中央批准发掘乾陵。可以说武则天是生前征服了天下，死后征服了历史。

她和李治的陵墓始建于弘道元年（684 年），历经 23 年时间，工程才基本完工。这个墓被冷兵器时代的刀剑劈过，被热兵器时代的机枪打过、大炮轰过。1300 多年之中，有名有姓的盗乾陵者就有 17 人之多，其中规模最大的一次出动 40 万人之多，乾陵所在的梁山几乎被挖走了一半。

汉武帝的茂陵被搬空了，唐太宗的昭陵被盗过了，康熙大帝连尸骨都零散了，为什么单单李治和武则天的乾陵巍然屹立？这就得从乾陵的地势来说了。

乾陵位于陕西省乾县城北 6 公里的梁山上，距古城西安 80 公里。梁山是一座自然形成的石灰岩质的山峰，三峰耸立，北峰最高，海拔 1047.3 米，南二峰较低，东西对峙，当地人称之为“奶头山”。从乾陵东边西望，梁山就像一位女性的躯体仰卧大地，北峰为头，南二峰为胸，可以说是女皇武则天的绝妙象征。

乾陵修建的时候，正值盛唐，国力充盈，陵园规模宏大，建筑雄伟富丽，堪称唐代诸皇陵之冠。

梁山远眺

乾陵陵园原有城垣两重，内城置四门，东曰青龙门，南曰朱雀门，西曰白虎门，北曰玄武门。城内有献殿、偏房、回廊、阙楼，还有安放着狄仁杰等 60 名朝臣像的祠堂、下宫等建筑多处。

至于里面的宝贝，经过多年的探测考察，一位文物工作者推算最少有五百吨！而最让世人感兴趣的就是那件顶尖级国宝——《兰亭序》。

史书记载，在李世民遗诏里说是要把《兰亭序》枕在他脑袋下边。有古人说五代时期的耀州刺史温韬把昭陵盗了，在他写的出土宝物清单上却没有《兰亭序》。那么，十有八九《兰亭序》就藏在乾陵里面。在乾陵一带的民间传闻中，早就有《兰亭序》陪葬武则天一说。

1958 年，一次偶然的机会，几个农民发现了乾陵的墓道。1960 年，陕西省成立了乾陵发掘委员会，并于 4 月 3 日开始发掘乾陵地宫墓道。

发掘显示：乾陵地宫墓道在梁山主峰东南半山腰部，由堑壕和石洞两部分组成。堑壕深 17 米，全部由长 1.25 米、宽 0.4—0.6 米的条石砌筑。墓道呈斜坡状，全长 63 米，南宽北窄，平均宽 3.9 米。条石由南往北顺坡层叠扣砌，共 39 层，约用去条石 4000 块。条石之间用燕尾形细腰铁栓板拉固，上下之间凿洞用铁棍贯穿，以熔化锡铁汁灌注。考古工作者在梁山周围也没有找到盗洞和被扰乱的痕迹，从而证明乾陵是目前唯一未被盗掘的唐代帝王陵墓。

为保护文物，就让这位伟大的女皇在地底下接着安睡吧。

宋陵　看守农田的皇陵

咱们都知道，宋朝分为北宋、南宋两个时期。北宋是太祖赵匡胤在 960 年建立的，首都在今河南开封。皇帝一共传了九个，可为什么他们的陵墓远在开封以西 130 多公里的巩义市，又为什么那里只有八个皇帝的陵呢？原来我不明白，到了那里才发现，那里的风水真是不错：嵩山、邙山对峙；黄河、洛河贯穿。虽说山不算青，水有点浑，但在北方来说，也是难得的胜地了。至于九个皇帝八个陵，因为最后两个皇帝宋徽宗、宋钦宗被金人掠到了北国软禁。后徽宗死于金国。待绍兴和议事成，高宗生母韦贤妃同徽宗棺椁归宋，宋高宗将徽宗灵柩葬在今绍兴市皋埠镇攒宫山。又十余年后，钦宗死。金人将其葬于今河南巩义北宋皇陵区，没有神道石刻。

巩义宋陵埋有：太祖赵匡胤（永昌陵）、太宗赵光义（永熙陵）、真宗赵恒（永定陵，附葬寇准等大臣墓）、仁宗赵祯（永昭陵）、英宗赵曙（永厚陵）、神宗赵顼（永裕陵）、哲宗赵煦（永泰陵）、钦宗赵桓（永献陵）等八个皇帝。另外，赵匡胤把他老爸也从汴京（今开封）挖了出来，埋在这里，称永安陵。

诸陵建制大致相同，都是坐北向南，由上宫、宫城、地宫、下宫组成。建筑没什么好看的，简单得很，值得称道的是那些石雕。

每座陵墓的石雕群都是由南向北排着，其排列顺序和数量大致是：望柱一对，象一对，瑞禽一对，角端一对，仪仗马二对，石虎二对，石羊二对，客使三对，武臣二对，文臣二对，走狮一对，镇陵将军一对，宫人一对，内侍一对，等等，共计50余件，比明十三陵多多了。可惜大多数石人现在都在农田里站着，要想看全了，得跑遍方圆30公里。

诸将军皆肌肉健壮，身躯高大，全副戎装，双手拄剑或执

御马官

将军

牵象人

吼狮

斧钺，虎视眈眈、恪尽职守的样子，十分生动。这些石雕显示了北宋 160 余年间陵墓石雕的风格演变与艺术成就。我在巩义市问一农人，这些石头人是否妨碍种地，答曰：“抹斯（没事），哈户（吓唬）麻雀，比草人灌拥（管用）哩。”

宋朝有个颇为廉政的规定，皇帝在生前是不准为自己建陵墓的。等前一个皇帝死后由他儿子来建，而且施工期限为短短的七个月。因此宋陵的规模都不大（相比明陵而言），也没有统一的牌楼、神道等构筑。北宋皇陵都像是没经过统一规划，谁也不搭理谁。目前只有永裕陵修整成了公园，供当地人晨练。其他的陵都分散在农田里。即使永裕陵也没有售票处，抬脚就进。显出当地政府的大度，不靠吃皇陵增加收入。

松赞干布陵　与大山同寿

娶了唐代文成公主的吐蕃赞普松赞干布，是汉、藏两族友好的榜样，为藏族人民所热爱。他的陵墓建在雅鲁藏布江南岸，宗山西南的雅砻河畔，现属琼结县。这里是松赞干布的老家，地域辽阔、气候宜人、土地肥美、山川秀丽。后来，松赞干布虽然到拉萨上班去了，但思乡之情令他选择死后葬在家乡。后世的赞普们觉得这里风水好，纷纷把墓园挤在松赞干布边上，形成了九个赞普的墓群。

这个墓群占地方圆 3 公里。每个陵园都是一个方形的平顶构筑物。它是由石头和夯土堆积起来的一个高台。

松赞干布的陵园位于钦普沟壑之口，琼结县县城外的一个高台上。墓室本身分为九格，主室内放的不是墓主人，而是佛龛。

远眺松赞干布的陵园

藏獒形的狮子

守陵的石狮子与内地石狮子不大一样。老公看了说，藏人的工匠可能没见过狮子，就按照他们见过的最凶猛的守卫型动物——藏獒的形象雕刻的。我看有道理。

成吉思汗陵　一代天骄的衣冠冢

成吉思汗陵园坐落在鄂尔多斯中部伊金霍洛旗的甘德尔草原上，北距包头市 185 公里。其实，这里并不是成吉思汗尸骨的所在地。当时蒙古族盛行“密葬”，成吉思汗死后，他的部下把他埋在了草原上，又在上面种上草，派兵守护了一年，直到草儿茂盛得跟其他地方一样才撤了军。所以，真正的成吉思汗墓究竟在何处始终是个谜。美国的一个考古队根据可靠情报，曾经悄悄地到蒙古人民共和国某处挖了一阵子，结果挖出无数条大蛇，而且汽车也突然自己滚下了山。他们认为这是神灵的作用，心里害怕，再加上蒙古政府提出了抗议，就悄悄溜了回去。现今的成吉思汗陵是一座衣冠冢，经过多次迁移，直到 1954 年才由湟中县的塔尔寺迁回他老家伊金霍洛旗。

成吉思汗陵园占地 55000 平方米，四周围护着红色高墙，三座相互连通为一体的蒙古包式穹庐金顶大殿巍然耸立。陵园坐北朝南，殿宇飞檐，金碧辉煌。主体建筑陵宫由正殿、后殿、东西殿和东西过厅 6 部分组成，东西总长 100 米。正殿高 25 米，东西殿高 18 米。大殿后殿是寝宫，排列着三座用黄缎子包

成吉思汗陵园

裹着的蒙古包，西殿内供奉着象征成吉思汗战神的苏鲁定（长矛）和战刀、宝剑、马鞍等。大殿内绘有大型彩色壁画，形象地描绘了成吉思汗非凡的一生与元帝国的社会生活以及当时的风土人情。

金陵　鲜为人知的陵墓

金陵位于北京房山车场村（燕山石化总厂西北）向北 3 公里处的大房山下。大房山气势磅礴，林葱木茂，山谷里清澈的泉水长年奔流不息。无怪乎金代海陵王完颜亮在迁都北京后，派人在京郊找寻“万年吉地”，一年多后终于看中了这里。

弑兄政变上台的海陵王完颜亮是个革新派。为改变女真族

神道栏板和台阶

侧面陵坑

的落后面貌，他一上台就决定把首都由会宁府（今黑龙江省哈尔滨市阿城区）迁到地广土坚、人繁物茂的燕京来。可旧贵族们齐声反对，说是祖坟在这里，所以不能走。完颜亮为堵住他们的嘴，干脆连祖坟也一并迁了过来。

天德三年（1151 年），海陵王在北京建筑金中都宫室的同时，在大房山下开始筑陵。

因海陵王亲临现场监工，当然也因墓穴极其简单，工程进展神速。这个方圆 130 里的大陵园 3 月份开工，5 月就修筑完毕了。当年的 6—10 月，他命人分了 3 次将埋在会宁府的从金太祖完颜阿骨打开始的诸皇帝，以及备受他尊重的叔叔完颜宗弼（就是跟岳飞打仗的那个金兀术），都迎了来，分葬在 15 个陵墓之内。

10多年前我去看金陵时，那里正在开挖，除北京市文物局的人以外，他人禁止入内。我花钱雇了当地村民当导游，从小路进去，饱饱地“参观”了一回。

金陵坐北朝南，分为埋皇帝的帝陵、埋皇后妃子的坤厚陵及埋众位王爷的兆域三大部分。它所依山势极其巧妙，正当中一矮山，形状恰似一尊坐着的弥勒佛，左右两边由高而低缓缓降下的山，是佛爷环状的两臂。整个陵区就安然趴卧在佛爷的肚皮正中。而在它北面的云峰山，就像是佛爷的椅子背。

金代的皇陵相当简单，从大部分已挖掘的陵墓看，就只是在地上挖一个坑，四周用很厚的条石砌筑，坑底放两块打磨工整的块石，上放棺材而已。

金陵的排水系统设计很巧妙。因怕山洪冲击，浸泡陵墓，建设者在整个陵区的最后面用大石块修筑了两道环状的地下水渠，高、宽皆2米。下雨时山上的水被这两道暗渠引到老佛爷的胳肢窝里，然后便奔出石渠沿山而下，形成两道清澈的小河，跳跃在山石之间。我在“导游”的带领下还钻到里面体验了一下，跟焦庄户地道似的，很是壮观。

整个陵墓里修得最好的是道陵，因为这是金章宗在世时自己修的。那时正是太平盛世，章宗又对园林情有独钟，道陵建得豪华秀丽。元代燕京八景中的“道陵苍茫”直至明代仍景色不衰。

可惜明天启年间因为满人入侵，皇上认为满、金同族。为了“断满人王气”，天启帝下令把金陵给平了，还在废墟上建了一座抵抗金兵的将领牛皋的纪念亭。但这一破坏文物的举动并没阻止明朝的灭亡。

明十三陵　群山环抱的愚昧与睿智

明朝共有 16 个皇帝。第一个皇帝，即明太祖朱元璋的陵墓在南京。第二个皇帝，朱元璋的孙子建文帝，被他叔叔朱棣赶下了台，据说出家当了和尚，不知其所终。第七个皇帝明代宗朱祁钰因夺门之变临死被他哥哥明英宗降为成王，葬在西山（现某干休所内）。除此以外，从永乐帝朱棣到崇祯帝朱由检的 13 个皇帝都葬在北京昌平，因此称他们的陵为明十三陵。

明十三陵在北京昌平区天寿山南的山谷中。陵区当中是盆地，四面环山，仅西南方向山脉中断，形成一个豁口，像是咬了一口的面包圈，那个豁口便是陵区的入口。陵墓群以天寿山主峰下永乐帝的长陵为中心，其他 12 座各以一个山头做背景，分列在东、北、西三面的山脚下。十三座陵墓横亘 15 公里，方圆 120 公里。远观群峰环抱，近看各依一山，互相呼应，气势雄伟。应该说，它是历代皇陵里最壮观的。

作为前奏，陵区入口外 1 公里处有一巨大的汉白玉石牌坊。此牌坊建于明嘉靖十九年（1540 年），总宽 29 米，高 14 米，面阔五间，是我国现存体量最大的石牌坊。牌坊当中一间正对天寿山的主峰和陵区入口的大红门，可知总体布局是经过仔细推敲的。

长陵鸟瞰

大红门内的碑亭是一座重檐歇山顶的方形砖砌建筑，建于明宣德十年（1435年），四角辅以华表。明代前期的石头华表，全中国总共有十个，两个在天安门前、两个在北京大学（从圆明园挪去的）、两个在老北京图书馆的院子里，还有四个就在这里了。

碑亭以北即为明宣德十年设置的长陵神道。蜿蜒800米长的神道两旁成对地设置了2立2蹲的4头狮子、4头獬豸、4匹骆驼、4头大象、4个麒麟、4匹马。然后是4名武将（2老2少）、4名文臣、4名勋臣。它们统称为“石像生”。走在神

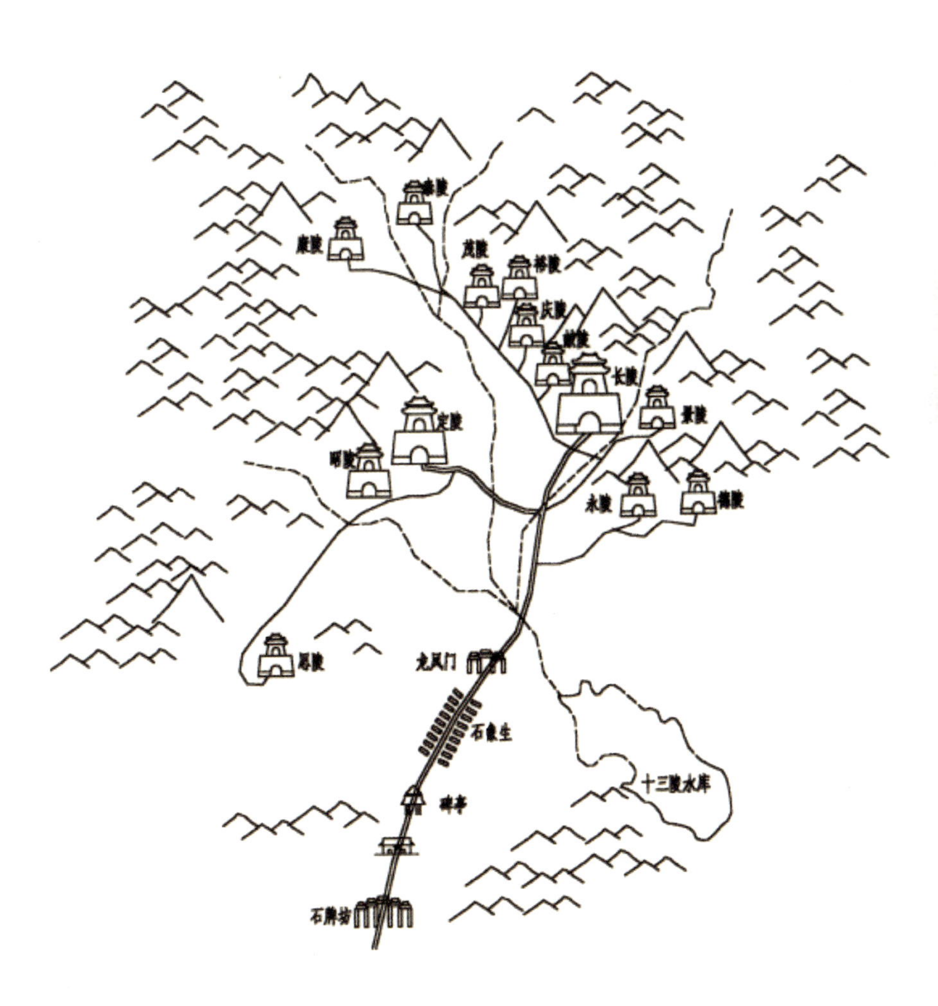

明十三陵总平面图

神道的武将之一

道上，犹如在检阅一支威武的石头大军。

到目前为止，对游人开放的单个陵墓仅有长陵和昭陵，再就是偶然被发现的定陵地宫。

长陵是明朝第三个皇帝明成祖朱棣（年号永乐）的墓。因他是迁都北京后的第一个皇帝，故而在整个十三陵里是绝对的中心。长陵前半部分用以祭祀，以祾恩殿为主；后半部分平面为圆形，是陵墓部分。祾恩殿面阔 9 间，进深 6 间，用了建筑等级最高的重檐庑殿顶黄琉璃。

明代前期施行活人殉葬制，皇帝死后不甘寂寞，要他的妃子们在阴间相伴。朱棣的陪葬妃子有 16 人之多，其中 8 个葬在德陵东南角的“东井”里，8 个葬在定陵西北的“西井”里。鉴于殉葬过程相当惨，因此明史中对其细节秘不外传。但朝鲜女子韩氏曾被选送给太祖为妃，太祖死，韩氏与另一朝鲜女子崔氏同被

定陵地宫

殉葬。其时她的乳母金黑在场，因而整个过程得以在朝鲜《李朝实录》中披露：首先选好“黄道吉日”，让中选的妃子们饱餐一顿，然后太监把她们拉到一间专门的殿内，屋里放着一排木床，在“哭声震殿阁”中这些可怜的女人立在床上，头被套在梁上悬下的绳套里。韩氏当时还曾对金黑哭叫道：“娘，我去了！娘，我去了！”话没说完一声令下，太监们踹开木床，人就活活被吊死了！然后将尸体放入棺材内，从竖井缒下埋葬。

第十二个皇帝明穆宗（年号隆庆）是嘉靖帝的三子，长期受压抑使他比较约束自己的举止并接近百姓，在他当政的 5 年多时间里能重用贤臣张居正等人。可惜好景不长，35 岁时穆宗就因中风死去。他的陵墓昭陵是除去长陵外唯一修整一新对外开放的。

昭陵最前面的明楼内有无字碑一块，用一巨大的赑屃驮着，然后是祾恩门、祾恩殿，最后是宝城。祾恩殿内 40 根巨大的柱子高近 10 米，承托着重檐庑殿的屋顶。想当初，这些柱子都是金丝楠木的，1987 年重修时楠木早已没了踪影，倒是美国友好人士捐赠了 40 棵美国产的红杉树，才解了咱们的燃眉之急。

沈阳三陵　埋着入关前的后金皇帝

清朝入关的第一个皇帝是顺治，其实他爷爷爱新觉罗・努尔哈赤在明万历四十四年（1616 年）就在辽宁登基称帝了。不过那时不叫清朝，而称后金。儿子皇太极在 1636 年登基后，改国号为大清。因为还没进京，他自己、他的爸爸努尔哈赤、爷爷爱新觉罗・塔克世等就都埋在沈阳附近了。

沈阳城清代的主要帝陵有三个：福陵、昭陵、永陵。

福陵，位于辽宁省沈阳市东郊浑河北岸的天柱山上，又称东陵。它是清朝实际上的第一个皇帝清太祖努尔哈赤和孝慈高皇后叶赫那拉氏等的陵墓。

陵园正中是正红门，正红门后是很长的一段神路，路的两侧有坐狮、立马、卧驼、坐虎等四对石兽。最新鲜的是，我在这里见到了石头老虎。老虎用作石像生，这还是首次见。石像生的尽头是利用天然山势修筑的108级砖阶。我边走边数了数，显然不止这个数。满族人也喜欢108这个数，大概是受汉族影响。

上了108步台阶，迎面的正中是方城的主入口隆恩门，上建三层歇山式的门楼建筑。方城的四角各有一座角楼，城内正中是坐落在须弥座式大台基上的隆恩殿，是单檐歇山式。殿内供奉着墓主神牌，方城内的建筑屋顶都铺有黄琉璃瓦。方城之后是月牙城，再往后是圆形的宝城。宝城的正中是圆形的宝顶，下面就是埋葬灵柩的地宫。

福陵的周围，河流环绕，山岗拱卫，气势宏伟，景色幽雅，真是个长眠的好地方！

昭陵，位于沈阳市区北郊，是清朝第二代皇帝清太宗皇太极和皇后博尔济吉特氏的陵墓。因坐落在沈阳市北端，故又称北陵。昭陵规模宏大，结构完整，远非其他二陵可比。昭陵的建筑形式基本上是仿明陵，而细部又具有满族陵寝的特点，是汉、满民族文化交流的典范，也是去沈阳旅游的必到之地。

永陵，坐落在新宾满族自治县城西21公里启运山脚下的苏子河畔，是大清皇帝爱新觉罗氏族的祖陵，即努尔哈赤的老爹塔克世、爷爷觉昌安及曾祖、远祖及伯父、叔叔等皇室亲族的陵墓。顺便提一句，老爷子觉昌安原来姓佟，后改姓爱新觉罗。佟家旁支的其他后代仍旧姓佟，并且也算皇族。碰见姓佟的，你叫他“佟爷”，多半没错。

福陵隆恩门

少见的老虎石像生

石像生中可爱的骆驼

努尔哈赤雕像

昭陵隆恩门

昭陵隆恩殿

永陵从1598年动工到1677年，经80年建成。其实它的规模形制都不大，至于为什么修那么久，大约是非重点工程之故。

清东陵　半部清朝史

清朝皇帝的想法挺奇怪。你看，明朝的皇子们都封在外地，可清朝的皇子们都被拘在京城里。但明朝的陵墓在北京，清朝却把皇陵弄到外地，还分东西两处。这倒是给河北省增加了旅游景点，也不错。

清东陵在北京东面125公里的河北遵化境内一个叫马兰峪的山里。这里是清朝入关的第一个皇帝顺治亲自选定的皇帝墓园，他自己当然就葬在这里。第二个皇帝康熙死后，乖乖地埋在父亲旁边。可第三个皇帝雍正从心眼里不喜欢他这个过于强势的老爸，即使死后也不愿离他太近，就借口马兰峪风水不好，

龙凤门

跑到大西面的河北易县找了块地方，另起炉灶地弄了个清西陵。第四个皇帝乾隆从小跟爷爷长大，死后还是跟着爷爷，也葬在东面。后来就乱套了，谁爱埋哪儿埋哪儿。结果就是：东陵葬着第一位顺治帝、第二位康熙帝、第四位乾隆帝、第七位咸丰帝、第八位同治帝，一共是五位清朝皇帝。而西陵埋的是第三位雍正帝、第五位嘉庆帝、第六位道光帝、第九位光绪帝，共四个皇帝。清朝的末代皇帝宣统帝（溥仪）后来被改造成了中华人民共和国的公民，死后火化，骨灰葬在万安公墓。至此，清朝 12 个皇帝（努尔哈赤、皇太极、顺治、康熙、雍正、乾隆、嘉庆、道光、咸丰、同治、光绪、宣统），入关前的俩皇帝，入关后的 10 个皇帝埋在何处，咱们就都知道了。

带小辫子的石人

慈禧陵前的石五供

清东陵的规划是以进京的第一个皇帝顺治的陵——孝陵为中心。整个陵区有一条5公里长的中轴线。这条中轴线上从南到北排列着老一套的碑楼、龙凤门、神道、神道碑亭，这些是整个陵区共用的。然后是属于孝陵的隆恩门、享殿、大殿、隆恩殿、明楼（坟包子）。

中轴线的西面依次有裕陵（乾隆陵）、定陵（咸丰陵）以及普祥峪定东陵（慈安陵）、普陀峪定东陵（慈禧陵）。东面为景陵（康熙陵）、惠陵（同治陵），等等。从规格来看，当然是顺治的孝陵最高。慈禧的陵有点意思：她一辈子张狂，死后却跟默默无闻的东太后一个待遇。除了内部装修豪华得很以外，经过我仔细比照，她俩的陵墓外观上一点区别都没有。

其他的还有后陵两座、妃园五座、公主陵一座。

整个陵区始建于康熙二年（1663年），此时康熙他爹顺治爷已然死去多时了。幸亏顺治的遗体是火化的，他的陵墓埋的是骨灰。

不过照我看，比起明十三陵来说，这里给人的感觉就一个字：乱。清西陵也好不到哪儿去，我都懒得去了。

至此，对皇家建筑的介绍咱们告一段落，下面该看看众多的民间建筑了。

顾名思义，这里要说的是老百姓（穷的阔的都算上）的城市、村庄和单体建筑。因其种类繁多，我们只能拣有意思的或有代表性的来看看。

乙篇 民间建筑

古城风貌

城市

在中国辽阔的大地上，从古至今建了多少城市，恐怕是无法统计的。但就城市的数量来说，肯定比皇城要多得多得多。可惜因为战乱等原因，作为一个城市，完整保存下来的其实并不多。

这里，我们只能举几个例子，看看古代一般城市的风貌。

中国目前保存最为完整的有四座古城，其一是山西平遥（另三座为陕西西安、辽宁兴城、湖北荆州）。也有说四大古城是山西平遥、四川阆中、云南丽江、安徽歙县。本人的观点是各取一两座，计有：山西平遥、辽宁兴城、湖北荆州以及未入流但很有意思的福建赵家堡。

山西平遥　晋商的家

位于山西中部的平遥古城，是一座具有 2700 多年历史的文化名城。明初，大水冲垮县城西城墙，随后，扩建城池。但建城者姓字名谁，无人知晓。人们都说是个有远见卓识的县官，而且这个县官看来对孔子极其尊重。城墙上除了必要的城门楼和角楼外，还有3000个垛口和72个敌台，用以隐喻孔子的3000门徒和72贤人。康熙四十三年（1703年）因皇帝西巡路经平遥，而筑了四面大城楼，使城池更加壮观。

平遥城墙总周长6163米，高约12米。城墙以内的街道、铺面、市楼保留明清形制，主要街道呈“井”字少一横。街中心还有一座三层高的市楼，唯一的一条商业街穿楼而过。

其他街道两侧多数是民居。从大门的样式，你可以看出主人的贫富程度。凡有钱人家，朝着街道的大门均为顶部发券的宽大门口，这是因为要进出马车。一般人家的门口，就跟北京

平遥城墙

平遥民居鸟瞰

文庙前的影壁

市楼

的四合院差不多。也因为如此，平遥城的街道都较宽敞。当然，所谓宽敞是相对来说的，走汽车仍然费劲，因此自驾车去平遥的，汽车一律要停在城外。城里用以代步的是当地的电瓶车，这对保护古城倒是很有好处。

河南开封府　包龙图坐镇之地

在开封市铁塔寺街上，有个中国人都知道的开封府。这个衙门本身没什么特别之处，但在宋朝时出了个大清官包拯，这就

大铡刀

清心楼

让开封府有了特殊的含义。

开封府作为都城始于五代后梁，距今已有1000多年的历史。在北宋时期，开封（当时叫汴梁）是首都，全国性的机构都在这里。它除了管理京师之外，还下辖16个县、24个镇，仅府吏就达600人。在北宋168年的历史当中，先后有寇准、包拯、欧阳修、苏轼、司马光等一大批杰出的人才在此任职，不仅树立并弘扬了“公生明”的道德正气，也形成了以廉正刚毅为鲜明特色的开封府衙文化。开封府也因此深入民心，名垂青史。

开封府大门里的一块大石头上，南面镌刻着“公生明”三个字；北面刻有“尔俸尔禄，民膏民脂；下民易虐，上天难欺”。

说得多好啊！这句话应该作为座右铭，送给每位官员，尤其是法官。

府堂的地上，赫然摆放着一柄大铡刀，不知是否正是铡陈世美的那一把。

后院的清心楼气势不凡，与大铡刀一并记录在此。

辽宁兴城　袁崇焕战斗过的地方

辽宁兴城，明代称宁远。它在山海关北偏东，离山海关足有200里。那里西、北面环山，东面是海，南面是一条狭窄的通道，通往山海关。当年进犯大明的努尔哈赤没海军，因此他要想从辽东进山海关，必须先踏平宁远城。

袁崇焕本是明崇祯年间一名坐办公室的文职军人，在大明受到来自北方的武力威胁时，自愿去守这座城。刚到宁远时，整个小城破破烂烂。一问之下，说是将军祖大寿刚修理过。真不知他是怎么“修理”的，反正没拿它当前沿堡垒看待。祖大寿

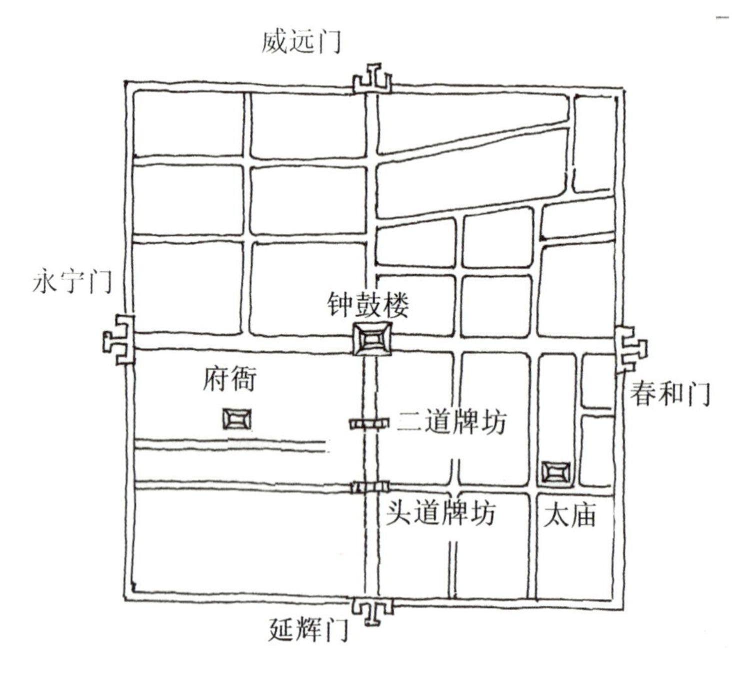

宁远城平面图

凭个人直觉，认为朝廷不会长期驻守宁远，所以城建了十分之一就停下了。气得袁崇焕差点把祖大寿修理了一顿。然后，袁崇焕定下城墙的规制：高三丈二尺，底宽三丈，上宽二丈四尺，城墙上的防护矮墙高六尺，并按自己的设计动工改建城市的各个重要设施。

袁崇焕的改建中很特殊的一点是城门。请注意平面图上城门楼的形状：都呈“山”字形，当中的一条突出来。这种设计

宁远城钟鼓楼

宁远城二道石牌坊

袁崇焕和死守宁远城的将士

是袁崇焕独创，其目的显然不是为观光而是为打仗用。它的好处是：敌人还在城外，此处架设大炮，可提早轰击，拒敌于城门之外。万一敌人冲了过来，要入城就得走山字的两个凹，此时突出部分可打敌人两翼。敌人要是已经进了城，还可回过头来掉转枪口打他们的屁股。此突出部分的墙体是用相当于耐火砖的材料砌成，极其坚固，守卫这里的士兵也必定是敢死队。

天启四年（1624 年），宁远城竣工，遂成关外重镇。岂止是重镇，这简直就是个坚不可摧的堡垒。

如今整个县城，包括城墙、城门楼、瓮城、牌坊都保存完好，是国内保存最完好的明代古城，因此吸引了不少影视剧组来这里取景。

山西分水亭　分得公平合理

在山西洪洞县城东北 17 公里的霍山之麓，有个有趣的建筑，叫“分水亭”。虽然就是两个亭子和一座桥，却起着法庭似的作用。为什么这么说呢？这里面有个故事。

山西是个缺水的省份。在晋南的霍山里却有一股难得的泉水，称作霍泉。这股泉水流量虽然不大，却是终年不竭。洪洞、赵城两县百姓千百年来为争霍泉之水灌溉田地而械斗不休，历任地方官难平纠纷。到了明代，一位聪明的官儿出了个狠招。他把十枚铜钱扔在油锅之中，将油煮沸。然后，让两县各选一人，

分水亭

于沸腾的油锅中赤手捞铜钱。捞出几枚铜钱，就分几份泉水。赵城的人以悍勇著称，那位好汉一咬牙，一把就从油锅里捞出七枚铜钱，于是得七份；洪洞无可再争，只得到三份。根据这一结果，设立了这个分水亭。在流经桥下的水渠里砌了道墙，把水渠分成大小两半。靠赵城那边的水渠七分宽，靠洪洞这边的只有三分宽。至今分水亭、分水铁柱及附近纪念那位不怕烫手者的好汉庙犹存。

湖北荆州　兵家必争之地

荆州这个名称，是上古大禹治水时所定的九州：冀、兖、青、徐、扬、荆、豫、梁、雍之一，以当时境内荆山得名。三国以后，荆州城一直是州、郡一级的治所。因地处东南西北水陆交通的枢纽，自古就是兵家必争之地。自武汉西行200公里，穿过沙市城区，古城墙远远地映入眼帘。条石青砖、重檐城楼，进入城门的一刹那，千年沧桑便仿佛在时空里轮回。

古城的修筑史最早可追溯至西汉景帝时所夯筑的土城。现存的城墙城门，则是清顺治三年（1646年）荆南道李西凤、镇守总兵郑四维依明代旧基重建的。

荆州城墙历经千年沧桑，城址基本没动地方，移位距离仅在50米左右，这在中国近3000座古城的修筑史上极为罕见。城墙通高9米，设有4567个城垛，其中藏兵洞4座、敌楼3座、炮台20余座。从各种建构设计来看，处处体现着古代城池的特点。

城墙上有多处藏兵洞，洞壁厚实，洞中有眼、有孔，眼用于瞭望，孔用于射箭。箭孔可以启闭，以防对方的箭射进来。而瓮城设计，既可屯兵，也可放敌入内，实施“关门打狗”之计。

古城墙中，小北门西段夯筑于明成化年间，是一段200米的干打垒石灰糯米辅助墙。虽经500余年，现用手触摸，仍坚如混凝土。其高超的工艺技巧，即令当今的建筑工程学家也是惊叹不已。

荆州南门瓮城

荆州西门

福建赵家堡　王朝遗民后代的思念

在福建漳浦县湖西畲族乡硕高山下，有个特别的村子叫赵家村，又名赵家堡。说它特别，是因为其建筑形式与一般农村不大一样，不像农村而更像城市。其中原因源自它不凡的来历。

读过一点历史的人都知道，北宋的首都是汴梁，也就是今天的河南开封。后来，让能征善战的金朝给追到了杭州，成了南宋。再后来，南宋亡在了元朝的手里。再再后来，知道的人恐怕就不多了。这里，容我稍微多说几句，因为它跟这座城堡有直接关系。

南宋朝廷最后的一个皇帝赵昺（6 岁）是在逃亡的船上“登基”的。第二年，他们再次被元军追击。无奈之下，丞相陆秀夫背着 7 岁的小皇帝投海殉国了，这是 1279 年的事。后来，一名将军带领残余的“皇亲”，乘着 16 艘船，逃到了元军追不到的海上。谁知天不容宋，大风大浪打翻了 12 艘船。幸好剩下的 4 艘破船里还有一位赵家的皇室后裔：封在福州的闽冲王，13 岁的赵若和。这位龙子和其他大臣只好弃船上岸。几经辗转，在厦门附近的佛昙县积美村住下。“赵氏孤儿”也不敢再姓赵了，遂改姓黄，意思是他源于皇族。

100 多年以后，到明洪武年间，假黄家一位男子要娶一真黄家女子，被人告发是“同族通婚”，因此被县官逮捕。男子的哥哥为救弟弟，壮着胆子向县官坦白了他们本来的姓氏。此事

完璧楼

被报告给了皇帝。朱元璋可怜他们，遂批准复姓。到了万历年间，赵若和的第 10 世孙赵范做官后衣锦还乡。终于见了天日的赵家大模大样地选了块地方（今日的福建漳浦县赵家堡），仿开封府立意布局开始在建筑中寻找旧日的梦。首先建的是一个叫“完璧楼”的碉堡式三层石头建筑，高 20 米。起“完璧楼”这个名字，用意明显是要“完璧归赵”。楼内还挂着宋朝 18 位皇帝的肖像。有趣的是，每个房间里都有一个里大外小的射击孔，这使得完璧楼突出了防寇的建筑特色。我老公认为，它是福建土楼的雏形，或曰鼻祖。

赵范府第

然后，赵家子子孙孙们假以时日，慢慢地把这里完善成了一个微型的汴梁城，分内外城，有桥、有塔、有湖。内城墙是三合土的，6 米之高倒也不矮了。外城墙的周长有 1000 米，上开四门。

整个城堡仿效了北宋国都开封（古称汴梁）城的规划布局，反映出主人的贵胄身份和王朝孑遗的心境。而正门朝北，意思是祖宗在北面。瞧着怪可怜的!

城中主体建筑为赵范府第，位于全城的正中心，坐南朝北。四座同式样的建筑并列，每座房子由门厅、前厅、两庑天井、中

西门（主入口）

南门

开封佑国寺铁色琉璃塔

赵家堡的石塔

堂、后楼组成，面宽五间，台梁木结构，硬山顶。府第两侧还建了三组厢房，可能当年是仆人住的吧。

在城南一隅，还模仿开封佑国寺十三层的铁色琉璃塔，建了个小石头塔。大约是没钱吧，这个石塔才有七层，高度也比它祖宗的塔差得多了。

小小一个赵家堡能保存着一个皇室家族达四百余年，实在是人类建筑史上的一大奇迹。

台湾台北府　岩疆锁钥

说起台北府的建立，不能不提沈葆桢。清同治十三年（1874年），琉球王国的船遭遇风浪，遇难者漂到台湾，遭台湾原住民杀害。此时日本国正处在明治维新后，国力大增，一直憋着等待扩张的时机，好不容易找了这么个茬，立即出兵攻打台湾南部原住民部落。清廷闻讯后于5月派遣时任福建船政大臣的沈葆桢（林则徐女婿），紧急前往台湾筹办防务。

6月，沈葆桢与福建布政使潘霨一同到了台湾。两人立即着手于安平兴建炮台，置放西洋巨炮，并请调淮军最精锐的部队、洋枪队及粤勇共八千余人先后抵台，积极备战。

因清廷本身海防空虚，不希望与日本发生正面冲突；日本也因饱受台湾南部瘴疠之气所苦，同时并未具备大规模对外征战能力，双方遂签订《北京专约》，清朝赔点儿钱，日军滚出台湾，

原台北府北门

史称“牡丹社事件”。

在清代，台湾为福建省下属的一个府，府邸设在台南，所开发的地方也仅仅是台南附近的地域，约占台湾总面积的三分之一，广大的北部地区都未曾开发。自牡丹社事件后，沈葆桢决定在日军登陆的琅峤地区设置恒春县，同时奏请在台湾北部设立台北府，将淡水厅及噶玛兰厅分别改为淡水县及宜兰县。另将淡水厅头前溪以南地区单独划设为新竹县，鸡笼地区单独设厅，并改名为基隆。于是大甲溪以北地区新设台北府，下设淡水、新竹、宜兰三县及基隆厅，以淡水县为附郭县，使北部在行政组织上的比重大为增强，以配合其在台湾开港以后的迅速发展。

作为一个城市，台北府建了城墙，并建四座城门。现存北门为主城门，意思是面北称臣，因此又称承恩门。这座门屋顶线条流畅优美，是传统的闽式建筑。

沈葆桢除奏请增设台北府以平衡南北地位的失调外，还积极改善台湾前山与后山地形阻隔导致交通困难的问题。他分北路、中路、南路同时进行，打通了前后山的通道。北路修路 205 里、中路 265 里、南路 214 里，目前三路中硕果仅存的是中路，即现今为古迹的八通关古道。

为加强台湾的防御能力，沈葆桢命人在台湾各地修筑相关建筑，如台南恒春县城墙等。

学校

在我们的想象中，古代人念书都在私塾里，哪里有什么学校呢？其实学校还是有的，而且是大学，规模还相当大。

北京国子监　中国最早的高等学府

国子监在孔庙的西邻，始建于元代至元二十四年（1287年），称为国子学；明洪武六年（1373年）改为北平郡学；明永乐二年（1403年）又改回国子学，后又称国子监；清乾隆四十九年（1784年）重修并扩建，是元、明、清三朝的国家最高学府。

元代这里是国家造就人才的地方。在这里，蒙古族子弟可以学习汉人的文字习俗，汉人子弟也可学习蒙语和骑射。它可能是最早的民族学院吧。第一任校长，国子监祭酒许衡重视绿化，亲手栽下一棵槐树、一棵柏树。柏树依然健在，槐树却早已老得不成样子了。元皇庆二年（1313年），又添建崇文阁以藏元代图书。

牌坊

明宣德四年（1429 年），修建国子监两庑以为宿舍。因为学生是择优录取，不少人家比较穷，为了保障他们的生活，官府又在旁边买了一大块地辟成菜园。学生们在这里勤工俭学种些菜，既解决了菜篮子问题，又让学生有了锻炼身体的机会。明万历二十八年（1600 年）国子监与孔庙同时换上青色琉璃瓦，乾隆二年（1737 年）又将青色琉璃瓦全部揭掉，换成黄琉璃瓦，后又换成灰筒瓦。这体现了该建筑被重视的程度吧。

南面的主入口有两重门：外门和太学门。太学门内有砖砌的黄琉璃牌坊，牌坊两面的横额均为皇上御笔。国子监琉璃牌

辟雍

坊为四柱三间七楼砖石结构，上层三楼为歇山顶式，正脊龙吻，垂脊载兽，顶覆黄色琉璃瓦，三间均辟券门，并以汉白玉须弥座作为台基，立柱及坊体上半部分镶嵌琉璃面砖，次间饰二龙戏珠琉璃花板，当心间（明间）大字板题刻清乾隆御书“圜桥教泽”“学海节观”，体现了当时对教育的重视。坊前钟鼓二楼，坊后御碑亭。

坊的正北就是国子监的中心建筑——辟雍，相当于现代的大礼堂。辟雍的平面形式是参考了古代关于辟雍“如璧之圆，雍之以水”的说法而建的。面阔三间、四周有回廊的重檐攒尖方形建筑建在一圆形水池中央，四面有桥，远看像个巨型花轿停在水中。北京城除了太和殿、天安门、祈年殿外，排行老四的建筑物，大概就算它了。它是在清乾隆四十九年（1784 年）增建的，四面无墙，均装隔扇，以便讲学时敞开。而水池的水，愣是在四周打了四眼井，把井水从暗道注入池中，以符风水之说。建成后第二年（1785 年），乾隆皇帝曾来这里讲学，听讲的人过万。这个盛典，历史上叫“临雍”，这也成就了一段佳话。

第五讲

纪念性建筑

纪念性建筑

中国人的传统习俗，极重祭祀。由于当时的科学还没发达到能解释自然现象，因此天上打雷、脚下地震，乃至坟地的“鬼火”、命运之奇特，都让古人们对天地神鬼乃至祖先等生出敬畏感，不得不向它们顶礼膜拜。祭祀，因之诞生。

在古代，同姓同族的人往往聚集而居。祠堂多半都建在他们聚集的村子里，成为这个姓氏的族人聚会、祭祖、惩治反叛者的所在。祭祖相当于本村人的一项大型公益活动，而祠堂的修建都是族人本着有钱的出钱、有力的出力的原则。

牌坊，一般是为表彰功勋、功名、德政及贞节所建立的构筑物。因其形式雄伟醒目，不少庙宇陵墓用它作山门。严格地说，它不算是建筑物，因为它一般只有一面“墙”，上开三个门洞而已，所以我把它归为构筑物。

下面，咱们就分别来看看祭祀场所、祠堂和牌坊吧。

祭祀场所

祭天地，基本上是皇上的任务——谁让你是天的儿子来着。祭祖先可就应该是人人有份的事情了吧，但是还不行。在周代成书的《礼记》里规定，只有王公、大夫才有权建立宗庙祭奠祖宗，一般老百姓只许在家里设坛祭祖。这令广大人民群众很不痛快。直到明朝，这一制度才有所松动。《大明会典·祭祀通例》中规定："庶人祭里社、乡厉、及祖父母父母，并得祀灶。馀俱禁止。"老百姓这才能建祠堂，祭祖先。

祭祖先，目的很明确：如果对死人无情无义，活人之间的薄情寡义也就不问可知了，所以要祭祖。而祭祀被人们普遍尊重的故人，会使生者的品德显得更为高尚。

神仙和伟人也是祭祀的重点。在中国大地上，祭关公、祭土地公的比比皆是，甚至家庭、商铺内都大量设置他们的祭坛。但那不算建筑物，不在本书关注之列。

曲阜孔庙　儒家的诞生地

孔子这个人，虽然我个人不大喜欢他，（因为他明显地歧视妇女，从那句著名的"唯女子与小人为难养也，近之则不逊，远之则怨"可以看出这一点。）但是，因为他提倡"有教无类"，自己身体力行地教化平民，更因为鼓吹忠君，因而特受历代皇帝的追捧。这就使得孔庙这个被皇帝用来教化顺民的场所极其发达，几乎每个像样的城市都有孔庙（也称文庙）。这其中，鼻祖当然是在孔子的老家——山东曲阜。

曲阜孔庙最早也就是个老孔家的家庙。现有的格局，始于宋代。今日之布局，则是清代雍正、乾隆年间重修后形成的。庙宇总面积约327.5亩（合13万平方米），呈狭长的方形，南北长约1100米。建筑模仿皇宫规制，沿中轴线左右对称，布局严谨。庙内共有九进院落，包括五殿、一阁、一坦、两庑、两堂、十七座碑亭，总共466间。其中最古老的建筑是建于金代的一座碑亭，其后元、明、清、民国各代建筑皆有。孔庙四周，有高墙环绕，配以门坊角楼；院内红墙黄瓦，雕梁画栋，古木参天。光看照片，不知道的都能以为那是故宫哩。

孔庙最南端紧邻曲阜县城南门，以棂星门为正门。棂星门内，以红墙区隔南北，正中辟门，经圣时门、弘道门，组成三进院落。这些都是空院子，绿化倒挺好，松柏森森的。

从大圣门开始分为三路建筑群，分别是祭祀孔子以及先儒、先贤的中路建筑群（大成殿等），祭祀孔子祖先的东路建筑群（崇圣祠等）和祭祀孔子父母的西路建筑群（启圣殿、寝殿等）。

大成殿还算有点气势，可要是看看老孔家的坟茔，不禁让人想起小说《红楼梦》里的名句：古今将相在何方？荒冢一堆草没了。

大成殿及孔子像

孔子祖坟

泰山岱庙　历代封禅之地

岱庙旧称东岳庙或泰山行宫。它位于泰安市区北，泰山南麓。岱庙供奉的是泰山神——东岳大帝，据说主管人的生死及人生贵贱。它是泰山最大、最完整的古建筑群，为道教神府，历代帝王都要在这里举行封禅大典并祭祀泰山神。秦始皇、秦二世、汉武帝、汉章帝、汉安帝、唐高宗、唐玄宗、宋真宗、康熙帝、乾隆帝等12个帝王曾到过泰山。据说汉武帝8次封泰山，乾隆10次祭祀泰山。

岱庙创建于汉代，至唐时已是殿阁辉煌。宋真宗封禅时，又大加拓建，修建天贶（赏赐意）殿等。岱庙的建筑风格模仿帝王宫城的式样，周长1500余米。庙内各类古建筑有150余间，主要有正阳门、配天门、仁安门、天贶殿、后寝宫、厚载门、铜亭等。庙内古柏参天，碑碣如林。

作为整个建筑群的前奏，最南面是个不大的院子，名叫“遥参亭”，意思是老远就开始参拜了。这里有石牌坊、山门、正殿、配殿和后山门。

出了后山门，一座刻满雕花的石牌坊——“岱庙坊”赫然立在城墙前面，如同一位大将军守护在门前。此牌坊建于清康熙十一年（1672年），总高12米，宽近10米，造型十分端庄，却又不失华丽。

从岱庙坊的背后“正阳门”进去，过两座门，即岱庙的主

岱庙全景

岱庙坊

体建筑——天贶殿，为东岳大帝的神宫。这个大家伙可有年纪了，它建于宋大中祥符二年（1009 年），距今已有 1000 多年之久。大殿面阔九间（48 米），进深四间（20 米），通高 22 米，面积近 970 平方米，为重檐庑殿式，上覆黄琉璃瓦。一切正式的仪式，都要在这里进行。值得一提的是，天贶殿内北、东和西三面墙壁上绘有巨幅《泰山神启跸回銮图》。壁画高 3 米多，长有 62 米，是不可多得的文物。

祠堂

祠堂的普及性和重要性，类似于欧洲村镇里的教堂。不过里面供奉的不是耶稣，而是本家祖宗的牌位或画像、相片。

祠堂分宗祠、支祠、家祠三种，其中宗祠规模较大。祠堂除了祭祖，还兼有裁判所的功能。凡违反族规的人或事，不论有理没理，都要受到族长（往往是一白胡子老头）严厉惩治。这位白胡子老头简直是一级政府，比居委会权力大多了。他甚至可以判处某族人死刑，并立即执行。因此，祠堂往往是一组建筑，有门脸，有院子，有正殿，还有偏殿。

在我小的时候，逢到过年，都要给祖宗的相片鞠躬。我们家没祠堂，就是把相片临时捧出来，挂在堂屋而已。祖宗长什么样，我始终没记住，因为我的目光自始至终都集中在给祖宗上供的食品上：红烧肉啦，点心啦，一会儿它们是要进我肚子的呀。

安徽棠樾村鲍家祠堂　一部徽商家族史

安徽省歙县棠樾村，建有当地大氏族鲍氏的家族祠堂。鲍氏祠堂有男、女祠堂各一。男祠堂名“敦本堂”，堂里供奉鲍姓各世祖宗。女祠堂名“清懿堂”，是鲍氏家族为了颂扬鲍氏历代烈女贞妇而建的纪念馆，是中国少有的女祠。另有专门表彰孝子的“世孝祠”。想当年，重要的奖惩及发布皇上的旌表，都要在这里进行。

敦本堂的木石结构雕饰不繁，却显得精致大方。梁头出挑承檐，辅加斜撑支持，梁驼、雀替普遍使用，反映了当时通用的

歙县棠樾村鲍家男祠堂——敦本堂

鲍氏家族女祠堂——清懿堂

建筑手法。木构件的装饰也具有浓厚的地方特色：冬瓜梁的出头部分做成象头状，形态逼真，雕刻多样。

清懿堂却简单多了，就是在类似山墙的一面墙上开了个门，门上做了些屋顶样子的装饰而已，体现了重男轻女的思想。不过好赖还给女人留了一席之地，就算不错啦。

北京文丞相祠　千秋永唱正气歌

这类祠堂是专门给受尊敬的历史人物建的，建设者又多半是朝廷（皇帝）。目的是显然的：向文天祥学习，做个忠君爱国的好老百姓。

德佑元年（1275年）正月，离着南宋灭亡还有4年，元军大举南下，打算灭了这个偏安一隅的南宋小朝廷。此时岳飞已经死了100多年，没有一个像样的将军能出战。很快，长江防线摧枯拉朽般全线崩溃。朝廷急得团团乱转。有人出了个主意：赶紧下诏招兵买马。正在江西吉州家里坐卧不安的文天祥一听之下，立即捐献出家产充当军费。毫无武功的他还招募当地侠士豪杰，组建了一支万余人的义军，捋胳膊挽袖子地就开赴临安。朝廷如见救命稻草，立即委任文天祥当右丞相。虽然勇气可嘉，不过他到底是文人，打仗不行，又没有援兵。1278年冬，文天祥在率领残部往广东海丰撤退的路上兵败。本打算自尽，却未死成，被俘了。《过零丁洋》就是在这时写成的："辛苦遭逢起一经，干戈寥落四周星。山河破碎风飘絮，身世浮沉雨打萍。惶恐滩头说惶恐，零丁洋里叹零丁。人生自古谁无死，留取丹心照汗青。"可以看出，他心里还是很惶恐的，但从小受的教育，让道义二字深植心中，促成他明知不可为而为之的行动。诗中的"人生自古谁无死，留取丹心照汗青"为后人所传颂，流芳千古。在被拘禁的元军船上，忠君爱宋的文天祥闻知南宋最后一个小皇帝被丞相陆秀夫背着跳了海，他泪如泉涌，心似刀绞。

在被囚的四年中，他曾收到女儿柳娘的来信，得知妻子和两个女儿都在元朝的宫中过着囚徒般的生活。文天祥深知，只要他

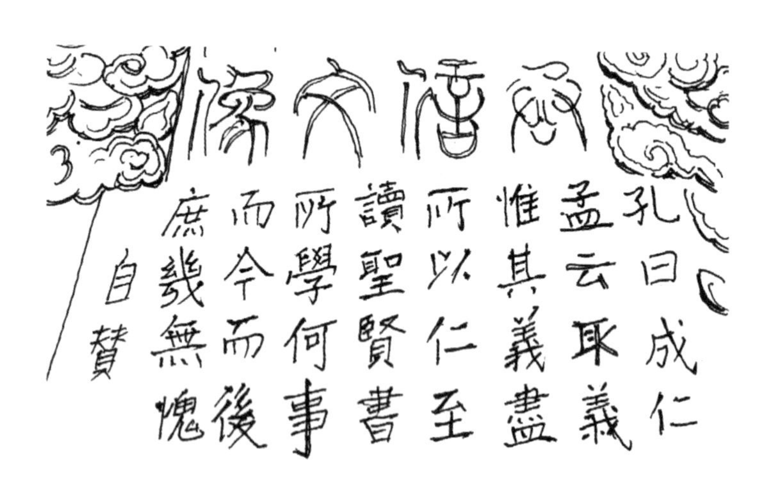

纪念碑（文字为文天祥手书）

投降，家人即可团聚。尽管文天祥悲痛至极，却不愿因救妻子和女儿而丧失气节。出于对他的尊重，元朝丞相孛罗和元世祖先后亲自前往劝降，但都碰了钉子。元至元十九年（1282 年），文天祥被处死于今交道口一带（亦说菜市口），年仅 47 岁。

顺便说一句：以前我一直以为“汗青”是指国家，还奇怪为什么不用“汉”字而用“汗”。不久前才知道“汗青”是指古人写字用的竹简，书写前要先用蒸的办法干燥，而竹简一蒸就会出“汗”。于是，“汗青”就成了竹简的代名词。这句话的意思就是说：死就死吧，只要能为国尽忠，死后青史留名也值了。

文丞相祠在北京东城区府学胡同，始建于明洪武九年（1376 年），也就是朱元璋时代。它坐北朝南，自南向北由大门、过厅、享堂三部分组成，现有面积600多平方米。第一进院子里，面向大门的是刻有文天祥像的石碑。过厅为文丞相史料展览，正中端放着他的半身塑像，上悬“浩然之气”匾额。过厅的后面，第二进院子的北端，一座灰筒瓦歇山顶的建筑便是享堂（祭祀用的殿堂）了。这里是举行祭祀仪式的地方，保存了历代石刻等珍贵文物。此建筑在明宣德四年（1429年）、万历八年（1580年），清嘉庆五年（1800年）、道光七年（1827年）及民国年间均有修葺，新中国成立后更是多次修整，可见人们对他的尊敬。

文丞相祠大门

我去的时候，供桌上除了果品，还有若干瓶二锅头，也有半瓶子的，不知谁

文丞相祠内文天祥塑像

献的，难道是自己先喝了几口？

成都武侯祠　中国唯一的君臣合祀祠庙

成都武侯祠位于四川省成都市南门武侯祠大街 231 号，是中国唯一的君臣合祀祠庙，由刘备、诸葛亮蜀汉君臣合祀祠宇及惠陵组成，于 223 年修建刘备陵寝时始建。一千多年来几经毁损，屡有变迁。武侯祠（指诸葛亮的专祠）建于唐以前，初与祭祀刘备（汉昭烈帝）的昭烈庙相邻，明朝初年重建时被并入了汉昭烈庙，形成现存君臣合祀的格局。现存祠庙的主体建筑是康熙十一年（1672 年）重建的，内有诸葛亮塑像。

武侯祠内诸葛亮塑像

唐代诗人杜甫在《蜀相》中这样称赞诸葛亮：

丞相祠堂何处寻，锦官城外柏森森。
映阶碧草自春色，隔叶黄鹂空好音。
三顾频烦天下计，两朝开济老臣心。
出师未捷身先死，长使英雄泪满襟。

这就是人们敬仰他、崇拜他的原因了。诸葛亮最优秀的品德不在于聪明，而在于忠诚。这比聪明要难得多啦！由于粉丝太多，挤得祠堂里里外外密不透风，我连一张像样的照片都没能拍下来，不能不说是个遗憾。

太原晋祠　护佑山西两千年

晋祠始建年代不详，反正老了去了。原来叫“唐叔虞祠”，是为纪念周武王次子叔虞兴修农田水利而建。因在晋水边，俗称晋祠。原有建筑早已坍塌，宋太宗太平兴国四年（979 年）重修和扩建了晋祠，宋仁宗天圣年间（1023 年）又加建了纪念叔虞之母的圣母殿。金代又建献殿。

晋祠是个园林式的庙宇，既有庄严的大殿，又有曲折的布局和绿化。其中，圣母殿建于宋天圣年间（1023—1033 年）。它

晋祠圣母殿

的斗拱有些像隆兴寺的，但更加豪放生动。圣母殿的外柱上缠绕着龙，这也是别处少见的。

正殿前的放生池上有十字形的石头桥，名为鱼沼飞梁，也是一绝。桥下用石柱托着一些大石头斗，斗上托着十字交叉的拱。这种做法也是国内独一无二的。

石桥前的献殿也有把年纪了，是金大定八年（1168年）重建的。

牌坊

牌坊的普及程度恐怕不亚于祠堂。因其形式伟岸而构建简单，许多地方都用它作门脸。庙宇、陵墓、村落，甚至大户人家都喜欢用。

安徽棠樾牌坊　关于烈女的记忆

安徽省歙县的棠樾村，以出孝子贤孙和节妇闻名。自明代以来，经皇帝亲自表扬而立牌坊的有七个之多。仅仅是一个村！这在全国绝对是首屈一指。这一大溜牌坊气势宏大，引得无数电视剧摄制组到这里来取景。但我发现牌坊上的人全姓鲍。当地老百姓说，主要是姓鲍的一家出了好几个大官。不然节妇烈女古代多的是，为何单给老鲍家立牌坊呢？

棠樾的这七个牌坊分别是：一、鲍灿为其母吮吸脓疽，为此，1534 年修建“孝行坊”；二、鲍寿孙父子被强盗绑票，宁死不给赎金，1501 年修“慈孝里坊”；三、1769 年为表彰鲍文龄之妻汪氏守节而立“节孝坊”；四、为表彰鲍漱芳父子捐款办善事，1820 年建“乐善好施坊”；五、鲍文渊的第二个妻子在他死后守节并抚养前妻的孩子，1787 年立“节孝坊”；六、老爹离家出走，经年不归，14 岁的鲍逢昌外出寻父，为此，1797 年立“孝子坊”；七、明代鲍象贤当了好几个部的侍郎，为官清廉，死后追认工部尚书，立“尚书坊”。

我们去时正值细雨绵绵，众牌坊默默地矗立着，使人对那些可怜的年纪轻轻就守寡的徽州女人生出许多同情。为了这些冰

牌坊群

节孝坊

冷的石头柱子，葬送了多少年轻女子的一生啊！

安徽歙县许国牌坊　蒙骗皇帝得来的建筑

安徽歙县还有一个著名的牌坊，名叫许国牌坊。这个牌坊位于徽州古城的正当中。

许国是歙县最有名的人物。明代隆庆年间曾出使朝鲜。万历年间当了九年礼部尚书，官至太子太保。万历皇帝为表彰他对朝廷的忠心，准了他一个月的假，回家给自己建个牌坊（类似外国的记功柱或凯旋门）。许国想：所有的牌坊都是四个柱子的一扇平板，我总得造得特殊点吧。于是在他的授意下，在徽州城的十字街口，造了个前无古人、后无来者的八根柱子，平面为矩形又高又大的石头牌坊。为了使柱子稳定性好，每根柱子的根部加了个石狮子。四根角柱再多加一个，总共 12 个姿态各异的石狮子。

造好之后，许国半得意半惶恐地回京去了。万历问道："你怎么去了这么久？别说四柱牌坊了，八柱牌坊也造起来啦！"许国假装顺从地低头答道："启禀万岁，臣正是按万岁您的意思，造了个八柱牌坊。"聪明的他，凭着这句话，躲过了僭越之罪，还保留了这个前无古人、后无来者的牌坊。

在浙江湖州的南浔，也有类似棠樾的牌坊。当然没那么多，只两座而已，气势上远比不上著名的徽州棠樾七牌坊。不过，

许国牌坊

许国牌坊柱子的石狮

徽州古城北城门

这俩牌坊规模虽小，主人却是名人之后。

牌坊的所在地南浔镇小莲庄是元代知名书法家赵孟頫的产业。但出名的却不是老赵家，而是一刘姓人家。原因是他家主人刘安澜是刘罗锅刘墉的儿子。刘安澜本人乐善好施，可惜短命。由此可知，“好人一生平安”乃良好愿望而已。刘安澜死后，一女不事二夫的妻子邱氏成了烈女，于是得到清朝皇帝的两句奖赏和相应的两座牌坊。这两座青石牌坊宽 6 米，高 35 米，浑身都是雕刻。

浙江湖州南浔牌坊

第六讲

民居

民居

中国幅员辽阔，民族众多。老百姓住的房子，从风格到布局、构造都大相径庭。让我们先通过以下的简图来做一个大致的了解吧。

如果你在北方农村住过，很容易看出这是一个北方三开间民居室内三间屋子的横断面。

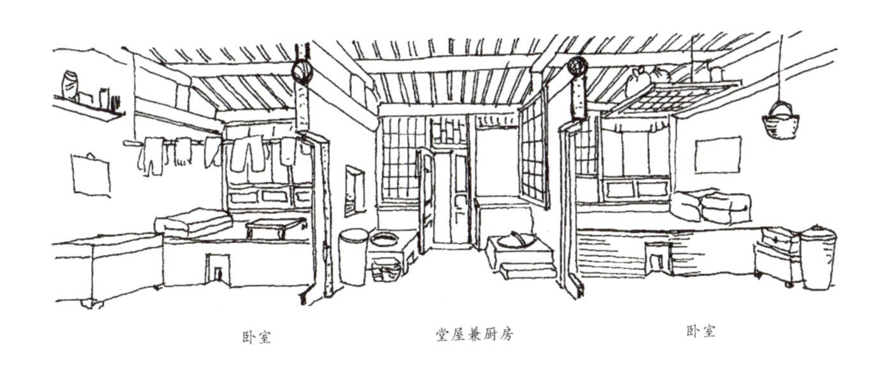

北方三开间民居简图

当中的一间是入口，一进门先看见厨房，民以食为天嘛。对着门的应该有一个八仙桌，两把椅子。其后是条案，条案两端往往置两个大瓷瓶子，谓之胆瓶。墙上还会有字画，等等。对于仅有三间屋的小门小户，这块地方就算客厅了，一左一右两间屋子则是卧室。

由于气候的缘故，北方的民居多封闭。东北、华北地区的民居一般为院落式，庭院较大，厚墙厚顶。室内多用热炕采暖。

内蒙古地区因其游牧习俗，则采用易拆易搬的毡房（蒙古包）。

蒙古包内景

陕北窑洞内景

西北地区等地多风沙，民居外墙高厚，采光面多朝向院子。因雨水稀少，许多地方，尤其是山西、陕西，房屋成单坡顶，坡向院内以集水。

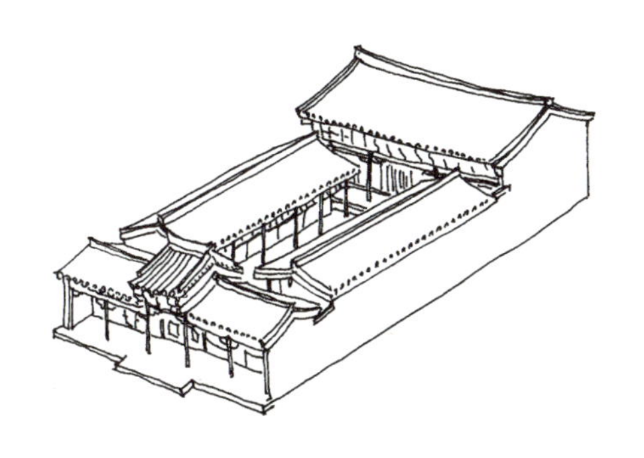

甘肃张掖院落式民居

新疆和田维吾尔族民居

江南民居多依山傍水，前门临街，后门靠水，墙体轻巧，房前有廊柱以避雨。

福建省西部的土楼，是北方居民南迁时为防止敌对势力入侵而建的一种特殊形式的民居。

浙江湖州南浔民居

浙江永嘉东占坳

安徽徽州民居

江西南昌地区民居

福建永定土楼

两广地区也多雨，可能因为过于潮湿，反而少见以水为街者。

西南地区因盛产木材和竹子，民居多为木构或竹构，又因潮湿，底层多架空。

广东梅县五凤楼

贵州侗族竹楼

壮族高脚屋

云南丽江山区纳西族民居

藏区因历来不太平，民居多呈碉堡状。

四川阿坝藏族民居

康巴地区藏族民居

云南傣族民居

云南傣族的民居地处亚热带，气候潮热，因此硕大的屋顶可以保证室内空气很好地流通，而且热气会聚集在上方，远离人们的活动场所。

以上大致浏览了一下中国各地民居，现在让我们挑出有代表性的几处，较为详细地看一看它们各自的长相和特点。

北京四合院　如同围城

北京的民居主要是一种院落式住宅。它并没有独立的院墙，所谓的院墙基本上就是房屋的后墙，后墙与后墙之间那些没连上的地方，再砌上一段墙，以求围成一个封闭的院子。一家人在院子里其乐融融也好，吵作一团也罢，只要声音不超过 60 分贝，只要不离家出走或里通外国，外人是完全不知道的。外面的世界很精彩，里面的世界很安详。这就是中国北方独一无二的“四合人家”。

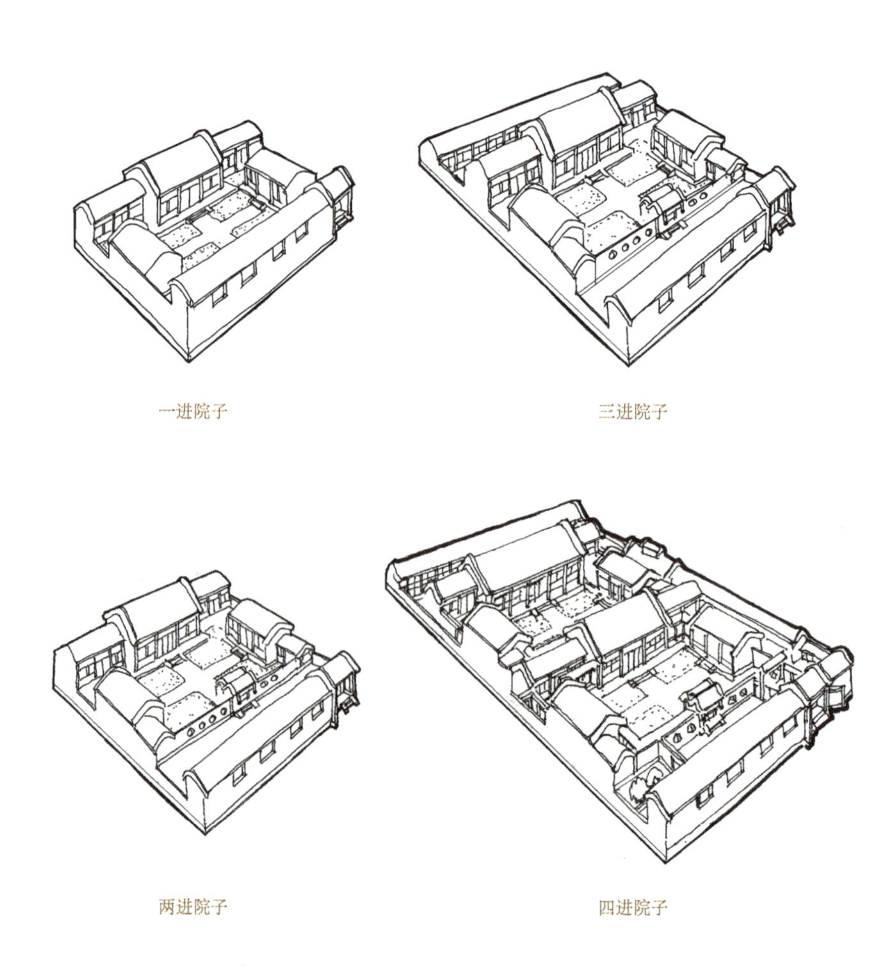

一进院子

三进院子

两进院子

四进院子

为什么在我国的北方，民居要建成这种对外封闭对内敞开的形式呢？我们知道，任何一种建筑形式的形成，都有它自然方面的原因。其中，气候又占了很大的比重。别说建筑了，就连人的长相都跟气候有密切的关系：赤道附近的居民头发都呈小卷状罩在脑瓜顶上，为的是在空气和头皮之间形成一个隔热层。寒带的人鼻子都特别高大，好让吸进去的冷空气在大鼻子里先预热一番，再进入肺部。

中国的北方，水源不是很充足，而且夏季炎热，西晒灼烤，因此保暖防晒挡风拒沙是建筑物最重要的功能。而厚墙厚顶，围合一体，院内的房屋间距大，屋顶有坡，这些都是抵御气候缺点、纳入尽可能多的阳光之最佳住宅形式。

大户人家的四合院，一般可拥有三进院子、四进院子或并排的两个院子。小门小户的，可住两进，甚至一进院子。

大多数两进以上的四合院，都具有以下几种建筑物和构筑物，这就是：院墙、大门、影壁、倒坐房、二门、厢房、正房、耳房、游廊。下面分别道来。

大门表示着屋主的身份地位，要不怎么有“门当户对”“门第观念”之说呢？

这些大门总体上可分成屋宇式大门和墙垣式大门两大类。

屋宇式大门

按等级高低又分为广亮大门、金柱大门、蛮子门、如意门及窄大门等五种。

广亮大门　这种门的门口比较宽大敞亮，门扇开在屋顶的中柱上，大门下一般有彩画一类的饰物。

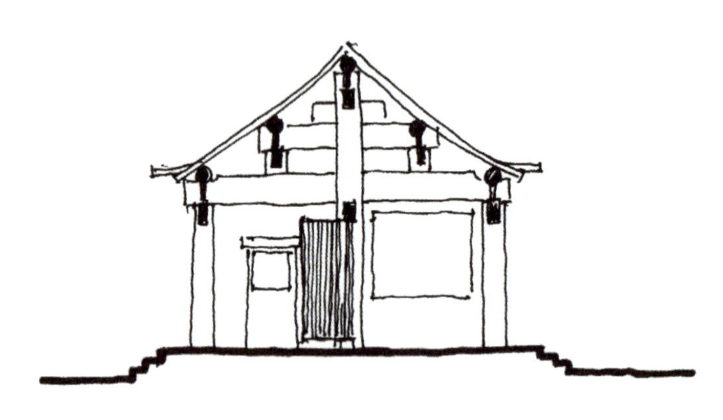

广亮大门剖面图

广亮大门外观

住宅门口都得有门墩，门墩的等级与大门要匹配。广亮大门一般采用“抱鼓石”式的门墩。图中是几种不同的抱鼓石造型，从左到右，等级越来越低。

各种抱鼓石造型

金柱大门 这种门与广亮大门的区别在于门扇的位置靠前些。它在结构上比广亮大门多了一排柱子（学名叫金柱），大门的名字也由此而来。

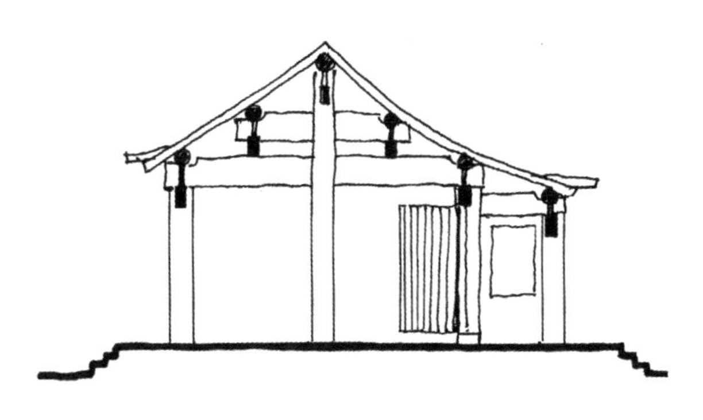

金柱大门剖面图

金柱大门外观

住得起这种大门的，一般也得是个人物。末代皇后婉容的宅院，配的就是金柱大门。

蛮子门 蛮子门和前两种门的区别是门扇安在最前面的檐柱上。这样一来，门扇的位置就越发靠前了。

为什么叫蛮子门呢？据说南方的生意人挺中意这类大门的，看着严实。他们来北京做买卖，除了精明外，把能引起怀乡之情的大门也给带来了。可老北京人有点“地方歧视”，元朝时管南方人叫“南蛮子”。因此，这种门也就有了个略带玩笑意味的

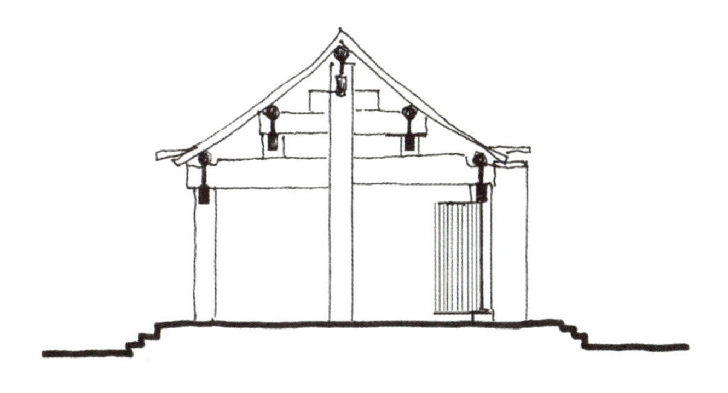

蛮子门剖面图

蛮子门外观

名字。

最早用这种蛮子门的人叫施愚山，他是顺治年间的诗人，祖籍安徽。李鸿章家的大门（西单北大街 57 号、61 号），用的也是蛮子门。不知现在那门、那院还在否。

如意门 如意门里的住户一般是在政治上地位不高，却非常殷实富裕的士民阶层。他们往往买下原是广亮大门的宅子，自己觉得用此种大门不够格，于是把门扇往前推了。为了安全，又把门扇两边都砌成砖墙，使得门窄了很多。

门变窄了，还上哪里去显示自己的富足呢？于是主人就在门楣的上方做了大量细致复杂的砖雕，把原本不大的门装点得豪华起来。

别小看了如意门的住户，也有有头有脸的人呢。这里简单介绍两位。

一位是天津的大富商（盐商）何仲璟，他是袁世凯八竿子打得着的亲戚，家住东城区棉花胡同 66 号。还有一位相信不少人都知道，他就是带头反对袁世凯复辟帝制的领军人物蔡锷，也住在棉花胡同。与仇人的亲戚轧邻居，又在家里整天大声跟老婆吵架，为的是麻痹姓袁的。时机一到，他就从这座如意门里溜到云南去了。

如意大门外观

门边墀头的砖雕

窄大门　窄大门之所以叫“窄”，是因为它只占半个开间。正常的房屋开间一般在3米左右，窄大门门洞的宽度也就是1.5米。

西式小门

小门楼

栅栏式大门

墙垣式大门

墙垣式大门就是一种直接开在墙上的门。这类大门在民宅中也不在少数。虽然它看起来没有屋宇式那么气派，但门上花饰、门环、门墩也都配备着。

这些大门的门墩石一般不敢用抱鼓石，而用等级低得多的方墩。

门墩

各类门上不可或缺的是门环，它的作用相当于门铃，但装饰作用很强。

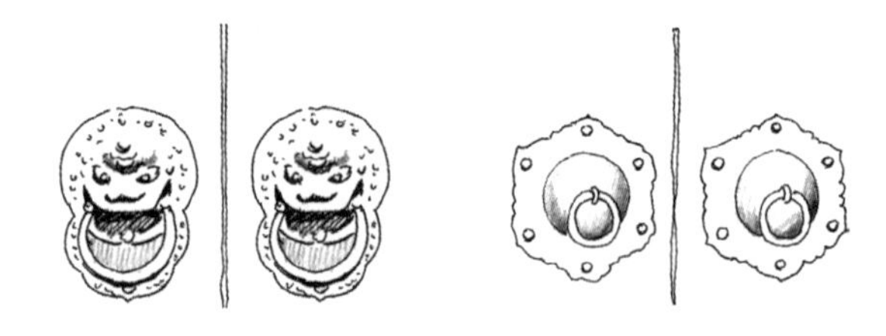

门环

进到大门里面，你往往会看到一堵墙，上面大概还有花雕（不是黄酒）什么的。这个东西叫影壁。它的作用如同阿拉伯地区女人的面纱，让人不能一目了然地看见院子里的东西。

从影壁的位置来讲，可分为内置和外置两种。

独立影壁

山墙影壁

再往前走，左手面是倒坐房，也就是仆人房。因为它的后窗沿胡同，也算是整栋院子的一个脸面吧，讲究的人家会把后窗装饰得有声有色。

从院子里看倒坐房

从胡同里看倒坐房

垂花门是讲究的四合院中的二道门，它是内宅与外宅（前院）的分界线和唯一通道。外人可以引到前院的南房会客室，而内院则是自家人生活起居的地方，外人一般不得随便出入。

垂花门外观

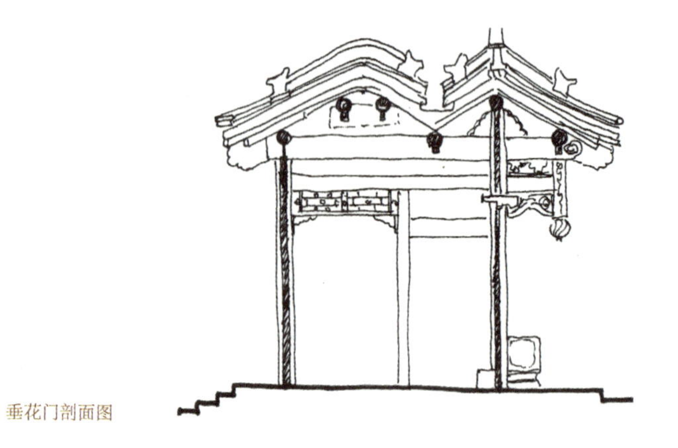

垂花门剖面图

向内院的垂花门一般不开，这道门是女眷不可逾越的。所谓“大门不出，二门不迈”，正是形容规矩女人的好词。这是一种装饰性极强的建筑，它的各个突出部位几乎都有十分讲究的装饰。在朝向外院的一面，有一对倒悬的短柱，柱头向下，酷似一对含苞待放的花蕾，垂花门就是因此得名。

进了垂花门，迎面就是正房。这一般是三开间的硬山搁檩的平房。

值得一提的是窗子。四合院的窗有个专门的名字：支摘窗。意思是又可以支，又可以摘。它是由内外两层组成的。外层窗上半截可以向外支出去，下半截可以摘下来。窗子的花样很美，也很复杂，下面略举几例。

支摘窗样式

许多四合院你挨我我挨他的，就组成了胡同。在胡同里，除了民宅就是民宅，没有商店。四合院的居民要买东西，就得穿过整条胡同，上大街去。

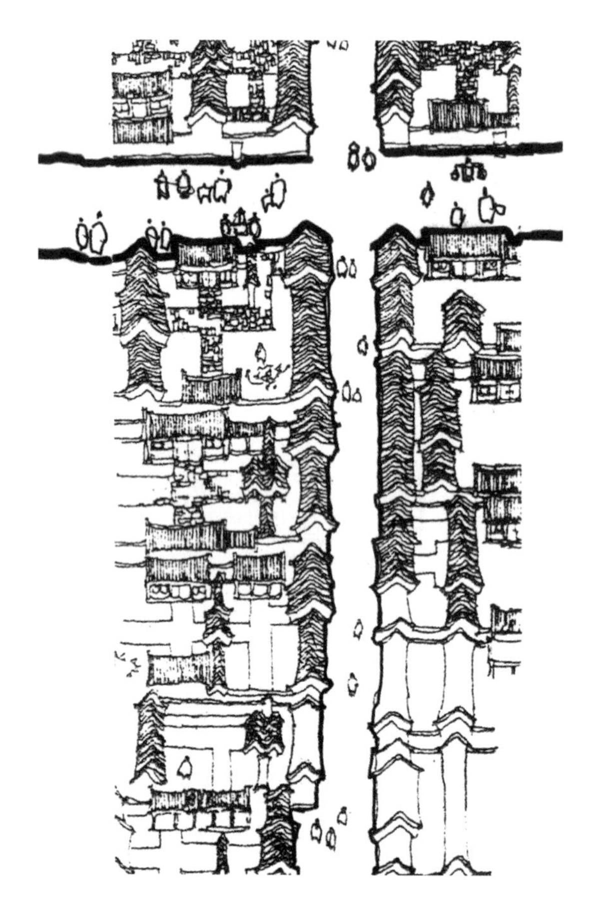

四合院与胡同、大街

当然，有一种走街串巷的小贩，会挑着担子到宽度只有6—7米的胡同里来“便民”。

最受孩子们欢迎的大概要算是吹糖人的了。你只要告诉他你的属相，一根香烟的工夫，一只活灵活现的小狗或小猪，在孩子们的赞叹声中，就递到你手上了。

吹糖人　　小贩

住胡同的人如何出行呢？早期有马车，后来有轿子，再后来有洋车（人力车）、三轮，再再后来，腿儿着。而现在为了旅游者，三轮车又“复活”了。

还有很多杂事，以前都有到院子里来上门服务的，如剃头的、修脚的、收废品乃至收旧货（包括古玩）的。

入院修脚

人力车

河南马家大院　中州第一名宅

许多人可能和我一样，认为看北方民居，要去山西的乔家大院。有一次我偶然去一儿时朋友家，谈起她母亲的祖上姓马，是河南出名的大户。孤陋寡闻的我才知道，“中原第一官宅”——“马家大院”（又名马氏庄园）敢情在河南安阳，就是那个闻名遐迩的出土甲骨文的安阳。

这个老马家出了个名人叫马丕瑶。他是清朝咸丰年间的举人，同治年间的进士，最大的官做到广东巡抚。马丕瑶是个勤政爱民的好官，历代皇帝及名人都对他有极高的评价。他去世后，被敕封为“光禄大夫”（从一品，文官最高官阶之一），人称“头

马氏庄园九门之一

马氏庄园正房

品顶戴”。当然，好官也要有相应的好房子。那个马氏庄园就不是一般的大：它曾接待过逃难的光绪帝和慈禧太后，还作过刘邓大军指挥部。如今，它成了安阳市一道亮丽的风景线。

马氏庄园建筑面积 5000 平方米，占地 2 万平方米。共分三区六组，每组四进院子。共建九个大门，人称“九门相照”。

其建筑风格兼有北京四合院的宽敞明亮和山西晋商宅邸的细腻装饰，外表却是中原地区的蓝砖蓝瓦。

山西平遥住宅　最早银行家的家

清朝末年，朝廷越混越穷，以至于不得不向京城附近的商贾大户人家借钱。精明的山西商人看到了这个发财的机会，从辛苦跑买卖变成了经营朝廷的银行。他们建立了中国最早的银行——票号。带钱出行的商人不再用马车装上银子，也不用雇保镖护送，而是把银子放在票号里，拿一张凭证（银票，即早期的支票），再在这家票号千里之外的分号把银票兑换成银子，既方便又安全。

平遥城里有不少明清时代经商、经营票号致富了的人家，这从街上就可以看出来。大户人家的大门因为要进马车，因此开洞宽敞，门洞上方都用砖砌成拱形。

浑漆斋大院是当时第一票号“日升昌”掌柜冀玉岗的祖业，整个宅子占地 3000 多平方米。大门外有上马石、拴马桩，此

洱漆斋大院正房

日升昌票号内景

拴马桩的顶端立着一个猴子。你猜为什么？据说是因为孙悟空在天上当过几天弼马温，所有的马都怕他。刻上他，那马就老实了。

第一进院子和第二进院子之间的墙上以及门楣上都有精美的砖雕。

新中国成立后，老家在平遥的贸易部副部长雷任民曾住在这里。大概山西人搞经济有两下子。现在，这栋宅子被平遥漆器工艺美术家耿保国买下，连住人带开展销室。

安徽呈坎村　按八卦设计的村子

安徽皖南民居闻名遐迩，我们早就打算前去一看。一到皖南地区，便见座座墨瓦白墙，处处青山翠竹，更兼白云缥缈，绿水缠绕。农人田里插秧，水牛河边吃草。简直太美了！

到了徽州，看完古城后在出租车司机的建议下，我们又去了歙县的呈坎村。这个村子被称为“八卦村”，因整个村子是按八卦和太极图的样子规划建设的。最妙的是村子里横过一条S形的河，恰似太极图里那条划分阴阳的曲线。两边各修一庙，即太极图里那两个圆点子。

河上的廊桥虽不算很漂亮，也还很有特色。

村里三街九十九巷，排列整齐，等级分明：最宽的街走当官的，最窄的街走老百姓，中等宽的街给阔人走。那窄街我们走过一回，两人并排行走都费劲。

在村子当中的十字路口之上，骑着一个楼房，名曰“打更楼”。除了打更之外，它还有一个妙用：抓贼。原来更楼下面的四个方向，设有四扇木门。平时木门是提起来的，如果哪条街上出现贼情，那边的门立刻放下，截住蟊贼去向。蟊贼无处逃跑，只得束手就擒。

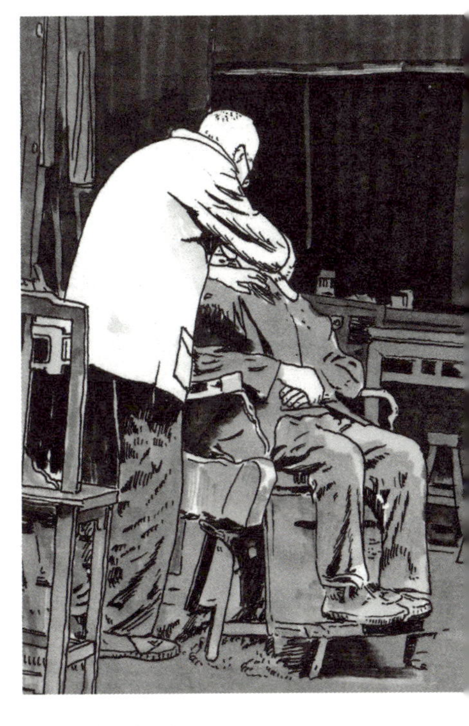

老家，老院，老顾客

在一家原来当官的人家大门上，我们看见精美的雕刻。当地人说，这不是一般的砖雕，而是泥塑雕。它对工艺的要求比砖雕高得多，现已基本失传了。

村里还有开当铺的，那当铺的柜台高得我老公都够不到。想必穷人来当东西，得欠起脚来。里面扔给当户仨瓜俩枣的，当户接着了就得赶紧走人，讲价钱是不可能的。至于有钱人去当东西，当然是被请到屋里去，

村口一独栋住宅

村头廊桥

最窄的百姓街

官家大门

一面喝茶，一面讲价钱的。

在村子的最后，是一座十一开间的大祠堂。十一个开间！这在过去是只有北京故宫太和殿才有的啊！看来是山高皇帝远，没人治他们的“僭越”之罪。祠堂的柱子都是石头的，细而坚实。

江西婺源李坑村　历史文化名村

江西北部的婺源民居，近年来宣传得颇多。照我看，当油菜花开时，这里可能还有些特色，平常时候也就一般般吧。

江西婺源自北宋起一直属徽州府，因此当地的建筑形式完全是徽南风格的。1934 年，国民政府将它划归了江西省。1947 年应当地强烈要求，又回归安徽省。1949 年再次划给了江西省。

婺源包括十几处村子。走马观花之后，我们只进去了李坑。坑的意思是河，或者是湖。至于李嘛，当然是全村人都姓李喽。这个古老的村子建于北宋大中祥符三年（1010 年），已有 1000 多年的历史。这里出的最为有名的人物是南宋乾道三年（1167 年）的武状元李知诚。

这里一半人家的住房都沿着一条河建造，整个村子形成了狭长的一条。

李坑村的建筑风格与皖南一样是白墙黑瓦，山墙砌成马头封火墙的样子。几乎所有的住户都是两层楼：底层开敞，当客厅

水街

木材商李瑞材的宅子

用，二层住人。有时临街还可见雕工复杂的美人靠，那是小姐的绣楼。

姓李跟姓李的待遇也不同。清朝初年的能工巧匠李瑞材因为是个木匠，他家的大门不能朝大街开，只能转个 90 度，当作侧门开。而当官的李文进，虽然只是个从五品，在当地就算个人物了，他家的大门堂而皇之地开向大街。另一位武状元李知诚不算富有，可到底是个状元，家里也像模像样的，客厅里摆着冒了青烟的祖宗牌位，楼上才是卧室。

村里的民居宅院参差错落；村内街巷溪水贯通、九曲十弯；青石板道纵横交错，石、木、砖造的各种溪桥数十座沟通两岸。

申明亭

每十来米就有座桥，桥大都是平平的。但乘船过桥时，坐着的人刚好不用低头。

村中央有个亭子，名叫“申明亭”。这个亭子建于明朝末年，相当于当时村里的法院。农历每月的初一、十五，村里的宗祠鸣锣聚众，大家共同惩办违反村规的村民。这也算是地方法院的先驱吧。

浙江南浔古镇　水边的恬静小镇

江浙的水乡美得令人心醉，那里的民居也是依水而建。但那水不像安徽那样细小，而是真正的河流，可以走大船，当然也可刷马桶、淘米什么的。

在浙江北部太湖南岸的湖州，有个村子，或曰镇子，名叫南浔。北宋初期，此处村落规模初具，百姓多以养蚕和缫丝为生。到了南宋，这里已是商贾如云，遂定下现在的名字：南浔。有钱了，就要送孩子念书。宋、明、清三朝，这里出了41名进士、56名京官。大概因为这里产毛笔，读书人比别处多些。因为临近上海常跟洋人打交道，不少晚清建筑盖成了中西合璧式样。

建于明代的百间楼屋，是明代礼部尚书董份的家产。后经扩建，形成了河的东西两岸300多米长的楼屋。在这些楼屋里，既有去职尚书的书屋，也有传说中西施洗过妆的洗粉兜，更有清代文字狱时冤死一家子几百口的庄氏宅院。由此，许多人前来访古探幽。至于我来这里，只是为水乡建筑所吸引。这份痴心由画作可见一斑。

关于洗粉兜，还有一个故事。据说当年越王勾践为了麻痹吴王，以实现他的复仇计划，派大夫范蠡将西施献给吴王。在去姑苏的路上，西施在一个小镇过夜，住在百间屋。想到过几天就要离别所爱的人，去侍奉吴王，西施决心去死。她来到屋外的小河旁，洗去脸上的脂粉，摘下头上的钗环，就要投河自

古镇风俗依旧

弯弯的小河

水边人家

尽。正在此时，焦急万分的范蠡找到了她，对她晓之以理、动之以情。一席话说得西施放弃了死念，重新梳妆起来。从此，人们就把百间楼附近的这段河称作洗粉兜。

福建永定土楼　独一无二的山区大型夯土民居

福建土楼如今已经是中外闻名了，但是除当地人以外，是谁最先“发现”了这种造型不一般的住宅呢？据说，是在20世纪80年代，某国卫星发现在福建永定一带有一些圆圆的构筑物，其中一些还冒着烟。据情报人员分析，那里很可能是个未知的导弹基地。为慎重起见，便仔细研究探看。其结果令人哑然失笑，原来那只是些圆形的住宅而已。

不过，这只是民间的说法，不足为凭。我的大学同学黄汉民是福建人，曾任福建省建筑设计研究院院长。他是研究土楼的专家，人家早就知道有土楼这种住宅形式了。当然，更早“知道”土楼的，是它们的建设者。这正如所谓的发现“新大陆”，人家那里早就有人居住，只不过欧洲人不知道而已。我们的航海家郑和去了很多地方，中国人从来就没说过“发现”俩字。

扯远了。现在我们的问题是：为什么称这种房子为土楼，又为什么把房子建成这个样子呢？

早在约 1000 年前，北宋被金灭了。当时在河南，尤其是首都汴梁，许多大户人家携妻带子，不远千里逃往南方。这些人被当地人统称为客家人。

当地人自然不欢迎这些“不速之客”，又知道逃来的人大都有点钱，土匪们就经常光顾他们的住宅。最初的客家人是没有能力建大规模住宅的。他们的日子因此很难熬，只能靠给人打工过活。幸运些的，娶了当地的女子，成了上门女婿，因此得到人家的庇护。直到清朝中期，不知哪个聪明的客家人开始种植烟草，而且烟草的质量好到了给皇上进贡的水平。这一下，客家人就发财了。发了财，就更怕贼惦记。为了自保，他们想出了一个办法：一个村子建一座碉堡似的东西，连住人带防卫，功能齐全。又因为在福建当地，最易取得的建筑材料就是土。

这些“堡垒”都是夯土而建。人们就叫它们土楼。

土楼的造型有方有圆。最外面一般都是两或三层，也有的是四层。底层朝外不开窗，上层的外窗也很小（不如说那是些射击孔更形象）。进出土楼只有一个厚重的大门。瞧，完全是碉堡的架势吧。

可你要是进到里面，才发现这是一个巨大的家庭式组团：一个姓氏建一座土楼。大家结成一个大圆圈，比邻而居。当中是祖庙，供着他们从河南老家拿来的一坛子土，因此又称坛庙。朝里面长廊的门啦、窗啦都是很畅快通透的。一个村子的人就集中在这个“大蜗牛”里，亲如一家。

当地人形象地描绘这类建筑：高四楼，楼四圈，上上下下四百间。圆中圆，圈中圈，历尽沧桑三百年。

永定镇是土楼集中的一个地方，有大小土楼 2 万之多。最大的一个在高北村，名叫承启楼。它的外圈有四层高，住人，里圈是宗祠和小卖部、仓库、水井乃至教室。宗祠就是全村强大的向心力的中心，小卖部提供了生活必需品。除了种地和买大件东西，他们就不用出去了。因为是合族而居，一般不会出现里通外国的叛徒，住在这里是很安全、很温馨的。

1912 年建的振成楼，是个中西合璧的建筑物。因为最漂亮（但不是最大），被称为“土楼王子”。这里共有 222 间房间。

方形土楼里比较著名的是奎聚楼。

与土楼成鲜明对比的是当地原住民的村子，显得恬静多了，

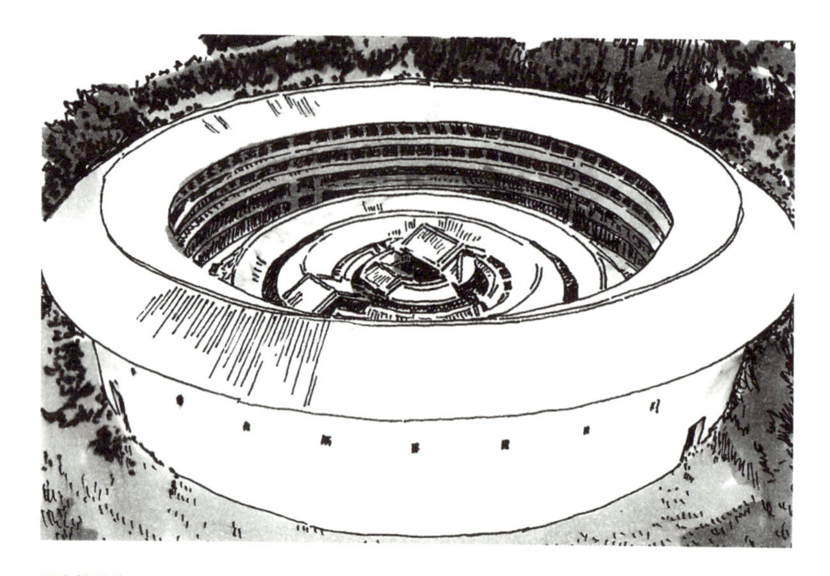

承启楼总体

承启楼内部

土楼内打水的孩子

方形土楼奎聚楼

永定镇某村子

完全是个一二层楼组成的美丽小村落。

土楼虽好，但其命运跟北京的四合院很类似：不大适合现代生活。因此现在里面的居民已经少多了，多为一些老年人带着孙子，在里面卖旅游产品和饮料。这是好事，还是坏事？可能谈不上好坏吧，只能说是历史的必然。

在我国广大的少数民族地区，还有许多各具特色的民居。由于数量庞大，本书篇幅有限，就不一一细数了。除了前面列举的一部分，这里再看两个有特色的桥——廊桥。这种廊桥多出现在苗族聚居的西南多雨地区。比起这两座苗寨的廊桥，电影《廊桥遗梦》里的那座廊桥，不过是一破棚子而已。

漂亮吧！

苗寨廊桥之一

苗寨廊桥之二

第七讲

商号、园林及坟墓

商号

中国古代商业虽不算发达，商人地位也很低，但毕竟还是有的。著名的《清明上河图》表现的就是春日开封城的繁华景象。可惜唐宋时代的商店早已无影无踪了，目前能看到的也就是清代的了。

山西平遥票号　中国最早的银行

晋商应该算是中国最早的商帮之一，他们建造的商铺、银行（那时叫票号）在当年可算首屈一指。

日升昌票号成立于清道光三年（1823年）左右，由平遥县西达蒲村富商李大全出资与总经理雷履泰共同创办。日升昌票号以“汇通天下”闻名于世，是中国第一家专营存款、放款、汇兑业务的私人金融机构，开中国银行业之先河。日升昌票号成立后，解决了国家银行未出现前大宗银两往来的困难。

日升昌的总号设于平遥县城内繁华的西大街路南，占地面积

日升昌票号

协同庆票号

1600多平方米。临街的主立面颇像普通的民居，体现出山西人“财不外露”的理念。

由于这个新生事物的出现符合了日益繁荣的商业需要，日升昌在全国大中城市、商埠重镇开了35处分号。一时间，票号业务搞得红红火火。

协同庆票号总号设在平遥古城内繁华街市南大街路西。协同庆于咸丰六年（1856年）创立，晚日升昌33年。财东为榆次聂店村王栋，另有本县王智村米秉义。协同庆票号初设时资本仅有3.6万两，不足日升昌银本的十分之一，然而，它以资金周转快、业务吞吐量大而迅速崛起，令其他票号为之惊讶。

协同庆票号旧址建筑风格新颖别致，集楼、房、亭、窑于一身，可谓平遥古城内明清店铺院落的缩影。它的外立面更趋近于商业建筑，而脱离了民居的风格。

老北京商铺门脸　花哨的外表

清末民初，北京开始出现商业建筑。这些大街上的店铺主要集中在繁华的东四、西四以及前门外，分中式、洋式两类。中式商店一般都是三开间封闭式，店面外砖雕、木雕密布。

下图的东四某店属拍子式店面，就是在立面上竖起一片女儿墙似的木雕，把坡顶挡住。这个木雕女儿墙既增加高度，又装饰美化了立面。那四根高出的夔龙挑头除了有装饰作用外，某些时候还可悬挂广告，使逛街的人老远就能看见。

北京东四某商店店面

园林

国际园景建筑家联合会曾于 1954 年在维也纳召开第四次大会。在会上，英国造园家杰利克在致辞时把世界造园体系分为：中国体系、西亚体系、欧洲体系。西亚体系一般指巴比伦、埃及、古波斯等古国，欧洲体系则是英、法、意大利、西班牙等国，都具有“规整和有序”的园林艺术特色。只有中国体系是以单独一个国家命名的独特体系。

在中国园林的分类上，一般将皇家园林称作“苑囿”，而把“园林”归入文人士大夫和官僚富商的私家园林。童寯先生在《江南园林志》中写道：園（园的繁体字）之布局，虽变幻无尽，而其最简单需要，实全含于“園”字之内。今将“園”字拆开瞧瞧：“口”者围墙也。“土”者形似屋宇平面，可代表亭榭。下面的小“口”字居中，那是水为池。“衣”字代表的或石或树。古老的汉字多么奇妙！构筑园林的山、水、建筑、花木几大要素，都蕴含在一个字中。对这个“園”字，我们可以从众多的私家园林中找到诠释。

私家园林又可分成：北方园林、江南园林和岭南园林三大派。它们各有各的特点。

北方园林以王府为代表，极尽豪华奢侈，布局大气。然建筑形制刻板，与皇家建筑除细部和彩画外几乎没什么区别。

江南园林淡雅飘逸。建筑物的屋顶起翘大是外观上的明显特点，布局上是亭、台、水、石参差。建筑物不是主体，反而是作为山水的点缀。

岭南园林不拘一格，无论建筑体形或细部（挂落），都随心所欲。布局上是建筑包围山水。还有一重要特点是融入了商业气息，园林往往兼作酒家。可见广东人商业意识之强。

下面咱们各举几例，来说明这三类的不同特点。

关于北方园林，这里主要说说王府。这类园子是介乎皇家园林与私家园林之间的类型。它不敢像皇家建园一样，弄出那么大的动静，却又有足够的钱来折腾。规模不算大，却极尽奢华。

北京恭王府花园　几代王爷的享乐之地

恭王府始建于乾隆四十五年（1780年），地点在北京西城区什刹海西北。这几乎是到北京旅游的人，尤其是外国游客必去之地。大家都想看看清朝的王爷是怎么个奢华法。

其实这里最初不是王府，而是乾隆的第一宠臣、大贪污犯

玩绣球的爸爸

看孩子的妈妈

和珅的私宅。嘉庆四年（1799 年），和珅获罪赐死，嘉庆将其一部分赐其弟永璘，起名叫庆王府。咸丰元年（1851 年），咸丰帝收回庆王府后又转赐给他弟弟奕訢，改名为恭王府。同治初年，奕訢的权力、地位达到了顶峰。他调集能工巧匠，对恭王府进行了一次最大规模的修整，形成了今日南王府北花园的布局。奕訢死后，溥仪同一曾祖父的堂兄溥伟（大汉奸）承袭王爵，所以恭王府最后的主人是小恭王溥伟。

恭王府分为住宅和花园两大部分。住宅没什么可看的，咱们就只看看花园。

为了显示主人的尊贵，大门口放了两尊狮子。你知道吗，它们可是两口子呢。

花园的南入口，弄了个西洋式的门，以显示主人的“新”派头。

有趣的是，主人的迷信色彩极重。因为园子里尽是山洞，因此有许多蛇、刺猬、黄鼠狼乃至狐狸出没。为了祈求去病除灾，不知哪一茬的主人在花园里小土山上建了个小小的山神庙，祭祀的是蛇、刺猬、黄鼠狼、狐狸这“四仙”。

另外，在全院水系的交汇处，也是八卦方位中天地交会处，建了一座精巧的小龙王庙，在此供奉龙王，以求风调雨顺、万物蓬勃。

恭王府花园（部分）鸟瞰图

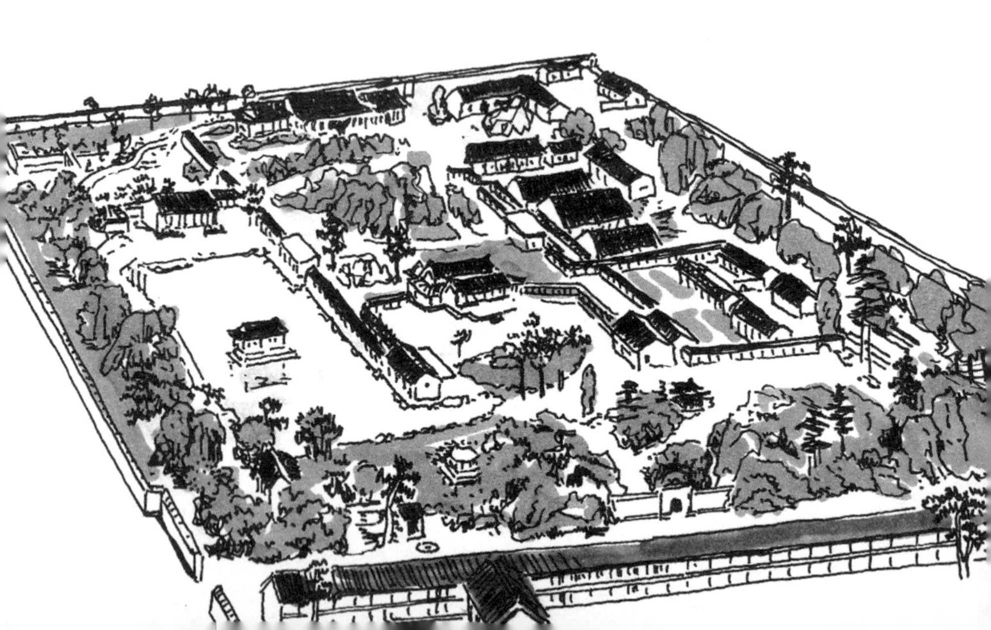

整个王府里的建筑物上，都尽量用蝙蝠的图案做装饰。据说，能数得出来的有一万个以上的蝙蝠，因此有人称这里是“万福园”。可它们的主人也未见得有什么福。

花园的南入口

园子里有一流杯亭，亭中的地面上做出一条龙形的小水沟。沟的一端高一点，作为入水口；另一端低一些，是出水口。沟里面的水永远在流动着。来亭子里喝酒的人们觉得干喝没多大意思，就把自己的酒杯放进水沟里，杯子漂到谁前面，谁就拿起来并喝掉杯中酒。瞧，有钱人多能享受啊！

类似的亭子，仅在北京故宫的御花园和潭柘寺还各有一座。

流杯亭

亭中地面

北京醇亲王府　后海边的美丽王府

皇帝娶妻的数量不限，皇子的数量往往不少。这就造成了北京到处都有清代的王府。醇亲王府是其中规模较大，风景较好的一个。

醇亲王是谁呢？第一代醇亲王名叫奕譞，是咸丰皇帝的弟弟。19 岁时，他放着心爱的姑娘不敢娶，奉命和慈禧之妹结了婚，遂成皇家的亲戚加亲信。

第二代醇亲王载沣身兼二职，既是光绪皇帝（载湉）同父异母的弟弟，还是溥仪的亲爹。载沣继承了亲王位后，接着住在这里。

这个府邸可谓不同凡响。首先，地方选得就好。府邸的前面正对着后海，天然的小气候就比别处强。其次，占地面积大。现在东面的宋庆龄故居是花园部分，而西面的国家宗教事务局才是住宅部分。可惜住宅部分不对外开放，我又没公事、没介绍信，因此就只看看花园吧。

此园地处后海边，水源丰富。园内碧水环绕，山石嶙峋，花木荟萃，芳草萋萋，且楼台亭榭错落其间，是一处娴静典雅的庭园。1962 年，在此增建了一座仿古的两层主楼（现辟为纪念馆）。1963 年，宋庆龄先生迁居于此。她在这里生活了近 18 年，直到 1981 年去世，国家将此处正式命名为“中华人民共和国名誉主席宋庆龄同志故居”。

造型别致的亭子

绵延不断的长廊

江南园林　朴素恬静之地

江南的私家园林最早出现在汉代。魏晋南北朝时期，士大夫们对打个没完的仗极其烦恼，于是把精力转到了吟诗作画和营建园林中去，私家园林一时蓬勃发展。当时的园林已基本具备山水、楼榭、花木等造园要素。除了游赏外，园林还是一种斗富的手段。园林创造者追求诗情画意和清幽、平淡、质朴、自然的景观。他们把一肚子文化融入了造园艺术中，园即是画，画又是园。

江南园林艺术的典雅精致，我们可以在苏州的拙政园、留园、沧浪亭、狮子林和上海的豫园等处观赏到。

因江南园林多建于市区内，空间狭小，常以内向布局在有限的空间中构置景观，使之随影随势、曲折蜿蜒且不拘一格，与园中的叠山池水、花木桥廊巧妙结合，小中见大，达到“虽由人作，宛似天开”的境界。江南园林追求的是个“自然”，与西方把树木都修剪成死板的方、圆的形状截然不同。

江南园林建筑从外观造型、立面形式到细部装饰处理，远比北方的轻巧纤细、玲珑剔透。其建筑空间既满足生活居住需求，又作为感情生发和延续场所。他们的主人或是自己画画，或是跟画家友好。尤其是在花草的种植上，诸如修竹、梅花、荷花等植物，均为烘托气节，表达清高、不俗的情感寄托而设。

与太湖石、兰草相应的是建筑物的淡雅朴素，几乎所有建筑

苏州拙政园梧竹幽居亭

苏州怡园一角

色彩都以白粉墙、青灰瓦、深棕色或深绿色木构装修组成。这与当地气候密切相关，灰瓦白墙配以周围的山水绿化，给人以清新幽雅、凉爽宁静的感觉，在心理上减弱了酷热导致的不适。

这些园林无论是建筑和水的结合，还是一草一木的安排，无不精心之至。即使是个旱庭院，也非常注意铺地。白粉墙前的草、石使得墙面不那么“干”，而漏窗的使用令人产生“这山望着那山高”的心理，忍不住要过去看看。

岭南园林　夹杂了商业气息

岭南人因地域上远离政治中心，养成了淡泊的人生态度，表现在园林上，就是儒家意味很淡，建筑梁架不规范，也并不重视对联匾额。这种“远儒性”从品位上看可说是一种世俗文化，且是岭南文化的主流。实用性（即园商宅一体的设计）是岭南园林的另一个特点。第三个特点是面积小，规划紧凑。最后，因为较早与外商打交道，岭南园林中常常揉进西方的文化元素。可以说，它开创了中西文化糅合、艺术性与实用性兼顾、园林与建筑互融的新境界。

一般认为，岭南有四大名园，即顺德的清晖园、番禺的余荫山房、东莞的可园和佛山的梁园。

清晖园，位于广东省佛山市顺德区大良街道清晖路，地处市中心，故址原为明末状元黄士俊所建的黄氏花园，现存建筑主要

清晖园

建于清嘉庆年间。取名“清晖”，意为和煦普照之日光，喻父母之恩德。经数代人多次修建，逐渐形成了格局完整而又富有特色的岭南园林。

清晖园全园构筑精巧，布局紧凑。建筑物形式轻巧灵活，典雅朴素。庭园空间主次分明，结构清晰。整个园林以尽显岭南庭院雅致古朴的风格而著称，园中有园，景外有景，步移景换，并且兼备岭南建筑与江南园林的特色。现有的清晖园，集明清文化、岭南古园林建筑、江南园林艺术、珠江三角水乡特色于一体。

番禺余荫山房

番禺余荫山房，又名余荫园，位于广东番禺南村镇东南角，是清道光年间举人邬燕天为纪念其祖父邬余荫而建的私家花园。该园始建于清同治六年（1867 年），同治十年（1871 年）建成，以“小巧玲珑”的独特风格著称于世。

东莞可园建于清朝道光三十年(1850 年)，其特点也是面积小、设计精巧。在三亩三分的土地上，亭台楼阁、山水桥榭、厅堂轩院应有尽有，真是麻雀虽小五脏俱全。建筑虽是木石、青砖结构，但细部十分讲究，窗雕、栏杆、美人靠，甚至地板亦

东莞可园

各具风格。布局高低错落，处处相通，曲折回环，让人感觉扑朔迷离。加上摆设清新文雅，极富南方特色。

东莞可园创建人张敬修早年投笔从戎，官至江西按察使署理布政使。金石书画，琴棋诗赋，样样精通，又广邀文人雅集，使可园成为清代广东的文化策源地之一。

好，供活人使用的建筑看完了。你可以合上书休息一天，明天咱们接着看看老百姓的墓园吧。

坟墓

皇上死了，埋在皇陵里，老百姓死了，也得入土为安。这里的老百姓，主要是指王爷们。真正升斗小民的墓地，不是本书主要关注的内容。

埋葬老百姓的，我们顶多称之为坟，因为太普通，实在是乏善可陈：有钱的，造一面大一点的墙，起个大一点的坟包。因此对不起了，我这里还得说王爷们、达官贵人的坟。

北京醇亲王墓　慈禧太后妹夫的坟

在北京西郊苏家坨镇妙高峰东麓，有座王爷的坟，人称七王坟。它是咸丰皇帝的弟弟，第一代醇亲王奕譞的墓地。奕譞在中年以后对政治失去了兴趣，于是在西郊妙高峰下选中一块地。从 1869 年起，开始在这里修他占地 8 平方公里的阳宅和阴宅。此建筑用了 6 年的时间，终于在儿子光绪皇帝登基前完工了。从此，他便半隐居于这座新建王府内，并命名为“退省斋”，意

醇亲王墓之碑亭

思是对朝廷说：对不起，不陪你们玩儿啦。

醇亲王陵墓坐西朝东，前方后圆，东西长200米、南北宽40米。整个墓园依山势而有三层，入口原有一座石墙，后来拓宽道路时拆去。在99级台阶之上，气喘吁吁的你可以看见一个平台，在这个小平台上倚松傍水建了一单檐歇山屋顶的碑亭，亭内石碑极其巨大清晰。亭后一人工河称月亮河，河上架石拱神桥。过了桥后再上一段台阶，便看见第二个平台，这上面的园寝正门——隆恩门及左右两殿、享殿等已毁，就剩光秃秃的台子了。再向西上两段小台阶，过两个单摆浮搁的门洞，便见第三个平台。高台之上几十棵高大的白皮松中间凸着4个坟包，当中最大的是醇亲王与嫡福晋叶赫那拉氏（慈禧的亲妹妹）合葬墓，另外三个是他的满族侧福晋的墓。其实他还有一个汉族福晋，但由于满汉有别而葬处不明。

墓园南侧围墙外原有一棵千年银杏（又称白果）。白果树下埋亲王，“白 + 王”便成了“皇”字。迷信多疑的慈禧想到此节大不高兴，令人将树伐去。谁知过了几年神差鬼使地在原地又长出一棵，一直活到今日。不知是否七王爷阴魂不散，在地下暗恨着自己的大姨子慈禧这只母老虎。

桂林靖江王陵　传承十四代藩王的派头

在桂林市东郊有个大型的王爷陵墓——靖江王陵，是明代靖江王朱守谦（朱元璋大哥的孙子）的历代子孙的陵园。它位于尧山西麓，距市区 8 公里。整个陵园气势磅礴，可算得上是个小型皇陵啦。靖江王一共有 14 个，除一个被贬一个被杀一个自杀外，其余十一代靖江王均葬于此。加之王妃及宗室墓，总共 300 余座坟头，是明代诸藩王墓群里最壮观的。

王陵的建筑布局均呈长方形，中轴线上依序列有陵门、中门、享殿、碑亭和地宫。各陵都有两道陵墙，大的占地 20 余公顷，小的仅不到 1 公顷。如此规模宏大、序列齐全、等级分明的明代藩王墓群在国内极为罕见。各陵通常可分为外围、内宫两大部。外围有厢房、陵门、神道、玉带桥，两旁陈列雕刻精

靖江王陵石像生

湛的高大石人、华表以及虎、狮、羊、象、麒麟等石兽，内宫则有中门、享殿、石人和地宫等。

靖江王陵及次妃墓都是由礼部和广西布政司委官依照制度营造的。但因埋葬时间的早晚而有所变化，总体来说是一代不如一代。规制由繁变简，规模由大变小，制作由精变粗。其中最早两座王陵占地均超过亲王茔地 50 亩的规定，且墓冢高大，石像生粗犷雄浑。

北京田义墓　葬着个难得的好太监

田义墓在北京西郊模式口村内。田义，何许人也？他是个太监，而且是明代嘉靖、隆庆、万历三朝的掌印太监。此人虽为太监，然而素怀忠义且禀性耿直。由于当面劝说皇帝削减赋税，差点儿被砍了头，其胆识在宦官中实属罕见。但他“周慎简重，练达老诚”，深得几位皇帝信任，甚至让他一个宦官去镇守南京，还给予蟒袍玉带的特殊待遇。

田义墓园建于明万历三十三年（1605 年），占地 6000 平方米。进入大门后有一华表，柱身不用龙纹而只用云纹，表示了他的奴婢身份。再向里有文武二人组成的神路，神路北面有一棂星门，门洞内并排 3 座碑亭，碑文内容俱是万历皇帝表扬他的话。最里面的墓园有上供用的石五供。按说老百姓的墓地只能用石三供，即当中一个石香炉，两边两个石烛台。而石五供比

田义墓棂星门

石三供多了两个石花瓶，是皇族才可以用的。可见皇帝多么宠爱他了。

说完墓地，还有一样东西要看一看，那就是“阙”。因为它跟墓地有点关系，所以就放在这里说了。

阙，实际上就是外大门的一种形式，与牌楼牌坊的起源可能有相同之处，但后来的发展则分道扬镳了。阙分木制的和石制的两种。木头的早就烂没有了，我们现在看见的石阙多出现在东汉的墓地。

阙的长相有点像碑，但比碑要厚实，上部一般要顶个小帽子，有的还仿照建筑，做些斗拱上去。

在四川，仍可见到汉阙。可能因为这种石头烧不毁，又不能住人，因此在张献忠的大烧大砍之后仍得以幸存吧。保存较好的有雅安的高颐阙、绵阳平阳府的君阙等，都是子母阙（一大一小）。其下部有台基，上部仿木结构，在砖上刻上斗拱并挑檐。

雅安市姚桥镇汉碑村东汉益州太守高颐及其弟高实的墓阙，是四川保存最完整、最精美的石阙，建于东汉建安十四年（209年）。两阙相距 13.6 米，两阙北壁皆有阴刻隶书铭文。现西阙的主阙和子阙保存完整。西阙的主阙高约 6 米，子阙高 3.39米，为重檐五脊式仿木结构建筑，用多块红色长条石英砂岩堆砌而成。

单个的阙比比皆是，典型的有渠县的冯焕阙（122 年）。它在形制上与其他阙差不多，但特别秀气挺拔，被梁思成先生称为“曼约寡俦，为汉阙中唯一逸品”。

绵阳平阳府的君阙

雅安高颐墓阙之一

渠县冯焕阙

说到宗教建筑，就不能不稍微涉及一点儿宗教问题。古时候我们中国人是没有宗教之说的，春秋战国时期诸子百家的理论也未涉及神仙。孔子、孟子、老子都是确有其人，而且只是大智之人，并非神仙。常常有外国人问我，为什么中国没有宗教。我说倒不是没有，佛教、道教、伊斯兰教、天主教、基督新教在中国都有人信。但大部分人都跟我一样，不专门信什么教。在某些时刻可能会大叫一声：『我的老天爷！』如同有的外国人嘴里的：『My God！』但对于老天爷姓字名谁，住在哪里，是否听见你的呼叫，似乎不大在乎。宗教之所以在中国老百姓生活中始终没占主导地位，和中国文化之根源《易经》，以及后来儒道的久盛不衰大有关系。后来有了佛教道教，佛、道、儒三家的理念开始和平共处起来。有时候我们嘴里叨咕着『菩萨保佑』，可自己又不算是真的信了佛教。佛、道、儒三家其内在关系之复杂，不是我所能说得清，也不是我要探讨的。

中国是个有五千年文明史的国家。大约两千年前，佛教才开始传入我国。然后是咱们土生土长的道教产生，再然后是外来的伊斯兰教，最后这几百年才有天主教、基督教等传入。

宗教在中国历史上虽然不甚发达，然而宗教建筑作为一种特有的文化形式，两千年来却是经久不衰。这跟历代的皇帝们多半都信佛或敬道有很大关系。但我国除了西藏以外，从来没有过政教合一的政治制度，因此就其雄伟壮丽的程度来讲，宗教建筑绝对盖不过皇家建筑去。即使是敕建寺庙，也远不如皇家园林庞大，更不要说跟皇宫比了。

不同的宗教有不同的神明要膜拜，有不同的仪式要举行。他们的神有无形的，有有形的，有多有少，有站有坐。他们的信徒是聚在一起聆听谁讲经，还是自己面壁参禅，这些都决定了其建筑布局和建筑形式。

本着这种观点，让我们看看不同的宗教在建筑形式上都有什么特点吧。

丙篇　宗教建筑

第八讲

佛教石窟、名山及佛塔

佛教建筑

佛教作为一种文化，其领域涉及建筑、工艺美术、绘画、雕塑、音乐、天文等，给我国古代灿烂的文化增添了极丰富的内容，尤以各类浮雕、砖雕、铜铸及泥塑、壁画最为精彩，在大小寺庙中无处不在。为了宣扬佛教的博大精深，也为了给僧人们的生活增添些情趣，古代艺术家们在庙宇的艺术塑造方面真是费尽心机。大到整个庙宇的布局，小到抱鼓石、栏板、柱头、墙面的花饰，无不精雕细刻。用“雕栏玉砌”四个字形容，真是不过分。

下面，咱们先讲讲佛教石窟、名山和佛塔。下一讲介绍佛寺。

佛教石窟　文化艺术的宝库

石窟是佛教建筑的重要组成部分，由印度自中亚传入中国。因为怕凡人打扰，这些石窟大多地处悬崖绝壁。从使用功能来看，石窟分礼拜窟和居住窟两类。随着佛教传入中国，石窟这

北京丰台铜铸千手观音

北京石景山法海寺内壁画

北京大慧寺中彩色泥塑

种艺术也跟着进来了。传入的途径是新疆—甘肃—山西—中原——南方。这种刻石头的热情最为高涨的时间段是北魏和隋唐五代，到宋、元、明、清时期就少多了。

中国的石窟艺术融合了印度乃至古罗马等多种艺术元素，在世界石雕艺术史上独树一帜。目前属全国文物保护单位的石窟有 300 余处，其中以甘肃敦煌莫高窟、山西大同云冈石窟、河南洛阳龙门石窟和甘肃天水麦积山石窟最为著名，人称“四大石窟”。

莫高窟

莫高窟位于甘肃敦煌市城东南 25 公里处鸣沙山东麓断崖上。实际上，它是在这座山一块突出的大岩石上开凿的石窟。与其他石窟不同的是，它在石窟的外面建了一座七层高的楼阁。

莫高窟始建于前秦建元二年（366 年），至唐武则天时，已有窟室千余龛。至今尚保存着北魏、西魏、北周、隋、唐、五代、宋、西夏、元各代壁画和塑像的洞窟 492 洞，壁画 45000 多平方米，彩塑 2415 尊，唐、宋木结构建筑 5 座，莲花柱石和铺地花砖数千块。实际上，莫高窟是一处由建筑、绘画及雕塑组成的综合艺术体。

洛阳龙门石窟

龙门石窟位于洛阳市南郊 12.5 公里处，龙门峡谷东西两崖的峭壁间。因为这里东、西两山对峙，伊水从中流过，且地处

莫高窟

龙门石窟

交通要冲，山清水秀，气候宜人，是文人墨客的观览胜地。又因为龙门石窟所在的岩体石质优良，宜于雕刻，所以古人选择此处开凿石窟。

龙门石窟始凿于北魏晚期，历经400余年才建成，已有1500年的历史。龙门石窟南北长约1公里，现存石窟1300多个，窟龛2300余个，题记和碑刻2800余品，佛塔70余座，佛像10万余尊。其中以宾阳中洞、奉先寺和古阳洞最具有代表性。

佛像里以卢舍那为最美，集中了中国美男子和印度人的特点，加之高大雄伟，是去龙门的游客必看的。它的左右各有侍从、金刚护卫着，越发显出其地位的高贵。

不同角度的卢舍那大佛

卢舍那左侧金刚

卢舍那右侧侍从

大同云冈石窟

云冈石窟位于大同西三十里武周山中的云冈村。此山高不过十余丈，东西长数里，是出名的热爱佛教的皇帝北魏文成帝时期开发的。这个石窟最初仅有五个窟，后来发展到二十来个。石窟精美异常，但不知为何上千年来一直没有引起国人重视。直到日本学者伊东忠太和中国史学家陈垣相继发表文章予以介绍，才为世人知晓。这个石窟的特点是在中国文化里掺入外国文化元素（古希腊、波斯和印度），几下里融会贯通，产生了与纯中国风格相当不同的结果。这是文化艺术史上很有趣，也很值得研究的现象。

四川乐山大佛

提起四川乐山，人们都会紧接着脱口而出：乐山大佛。这个佛真不愧一个“大”字，因为他本身就是一座山。要不是坐船到江上，你根本看不到他的全貌，只能在他那巨大的脚丫子上站一站，留下你颇为渺小的脚印。

乐山市在峨眉山以东。三条美丽的江：岷江、青衣江、大渡河在这里汇合。紧靠着岷江有座山，名叫凌云山。大佛乃依山而凿。

佛祖释迦牟尼曾经预言道，56亿7000万年以后（从他说话时算起），弥勒将会降临人世。可咱中国的老祖宗有点着急：那得等到猴年马月去呀！还是自己动手请一尊石头的，先拜着

大同云冈石窟雕塑之一

云冈石窟雕塑之二，可以看出有爱奥尼柱式及拱券

乐山大佛

吧。于是，唐代开元年间（714—744 年），僧人海通和尚在凌云山上开始雕凿弥勒坐像。历经 90 年，集几代人的努力方才完成。此弥勒高 71 米，相当于 24 层楼。光是它的脚背，就有 8.5 米宽，足够十六七个人并排站上去的。无怪乎人们称他为世界第一大佛。有诗人赞曰：“山是一尊佛，佛是一座山。”

太原天龙山石窟

在太原西南约 40 公里处也有个石窟。它是我国十大石窟中的老六，名叫天龙山石窟。石窟最早开凿的年代为东魏，开凿者是大丞相高欢，北齐是该石窟开凿的高峰时期。天龙山石窟排列有序，然形制各异，共有造像 1500 余尊、浮雕壁画等 1100 余幅，目前光是流失在国外的就有 150 件，可见它的艺术价值之高。

在主窟里有一尊大佛，因为人山人海的都要去摸一摸佛的脚，我愣是没挤进去，也没看见那佛长得什么样。只摸了摸山石，感觉石头特硬，因而对古人的毅力更加佩服。

山东历城千佛山造像

历城千佛山位于济南市区南部，是济南三大名胜之一。周朝以前，这里称作靡山。隋开皇年间，依山势镌佛像多尊，并建“千佛寺”，始称千佛山。千佛山东西嶂列如屏，风景秀丽，名胜众多。南侧千佛崖，存隋开皇年间的佛像 130 余尊。在千佛山北麓建有融中国四大石窟为一体的万佛洞，集中了自北魏、

山西太原天龙山石窟一瞥

山东历城千佛山造像

唐至宋代造像之风采。

还有很多石窟，就不带着你钻来钻去地看了。现在，让我们再来看看佛教名山吧。

四大佛教名山　佛寺密集之地

中国有四大佛教名山：供奉大智的文殊菩萨的山西五台山、供奉大行的普贤菩萨的四川峨眉山、供奉大愿的地藏菩萨的安徽九华山、供奉大善的观世音菩萨的浙江普陀山。

山西五台山是中国最早建造佛教寺庙的地方之一。自东汉永平年间（58—75 年）起，历代修造的寺庙鳞次栉比，是中国历代佛教建筑荟萃之地。唐代全盛时期，五台山共有寺庙 300 余座。经历几次变迁，寺庙建筑遭到破坏。目前台内外尚有寺庙 47 座，其中佛光寺和南禅寺是中国现存最早的两座木结构建筑，显通寺、塔院寺、菩萨顶、殊像寺、罗睺寺被列为五台山五大禅处。各个寺庙里雕塑、石刻、壁画、书法众多，均具有很高的艺术价值。

五台山还有一个与别山不同之处：清代，随着藏传佛教传入五台山，出现了各具特色的青、黄二庙共存的现象。

峨眉山为大乘佛教中普贤菩萨的道场。它原有寺庙约 26 座，重要的有八大寺庙，佛事频繁。但四川在历史上战乱频繁，尤其是张献忠的闹腾，使四川的古建筑遭到极大破坏。如今去

五台山中心地带的白塔

五台山显通寺

浙江普陀山

安徽九华山

峨眉山，除了风景与猴子外，就是新建的“金顶”还有点看头，古建筑所剩并不多。

浙江普陀山是观世音菩萨的道场。其实所谓的普陀山只是舟山群岛 1390 个岛屿中的一个小岛，但这个岛样子长得好：像一条龙卧在海上，因此自古以来就受人追捧。相传，在 916 年，普陀山始有寺庙，并逐渐发展成为专门供奉观音的道场。

安徽九华山在池州市青阳县，黄山以北约 60 公里处。这里是地藏王菩萨的道场。地藏王原来是个真人，他是新罗国（位于朝鲜半岛南端）僧人金乔觉，他于唐玄宗开元年间来华求法，登上九华山后，找了个僻静的岩洞，住在里面修行。

金乔觉于唐贞元十年（794 年）99 岁高龄时在此圆寂。僧众认定他即地藏菩萨化身，遂建石塔将肉身供奉其中，并尊称他为“金地藏”菩萨。九华山遂成为地藏菩萨道场，由此名声远播。

好啦，四大佛教名山走马观花地看了几眼。下面，咱们该看看佛塔了。

在佛寺里，有的寺带塔，有的寺无塔。这是为什么呢？让我们就专门来看看塔吧。塔从何而来，作用是什么，都有什么样的？看完了，你就明白了。

佛塔　逐渐中国化的建筑形式

百科全书上说："塔，起源于印度佛教。"在印度，这种建筑（专有名词应叫构筑物）被称为窣堵波（stupa）。

窣堵波（或按中国的习惯称之为塔，还有叫浮屠的）的本来功能是埋葬佛教高僧的骨骼用。随着佛教在中国的传播，窣堵波也被引进来了，可这种建筑形式很像中国的坟。于是老祖宗就把它与中土原有的建筑结合，发展出了不同形式、不同功能的塔。

早期中国的塔与印度窣堵波形式差别最小的，恐怕要算是福建泉州南安九日山中的那座塔了。它虽然不是圆形的，但也绝对不像后来那种上下基本一般粗的高耸的塔。它更接近原装的窣堵波，只不过塔的下部是方形而不是圆形的。而且下半部很大，内部是空的，有点像间屋子。屋里坐着一尊释迦牟尼的石像，上部是个小小的六角形塔。

说来好玩。我是在一本书里读到，福建泉州的九日山里有个窣堵波，2011 年夏天我们专门跑到那里去找它。好不容易找到了九日山，因为语言不通，我只好画了个坟包样的图，向当地人打听窣堵波，可大家都摇头说没有。只有一个人指着南面的山，说那里好像有个什么怪东西。我和我丈夫不死心，就冒着蚊子的骚扰，爬到了南面的最高处。正四下寻找我心目中半圆形的窣堵波呢，突然看见这个尤物。我大叫一声："是它，肯定

原装的窣堵波

九日山的窣堵波

就是它了。”虽然这是个方的，但跟原装窣堵波的比例、尺度十分接近。想来，建塔的人或许觉得原装的窣堵波过于类似坟冢，所以建成这样。总之，没白钻一趟山沟。

渐渐中国化了的塔，按建筑形式分类，主要有楼阁式塔、密檐式塔、亭阁式塔、覆钵式塔、花式塔、金刚宝座塔、经幢塔等七种。这里，咱们先从下图有一个大致的概念。

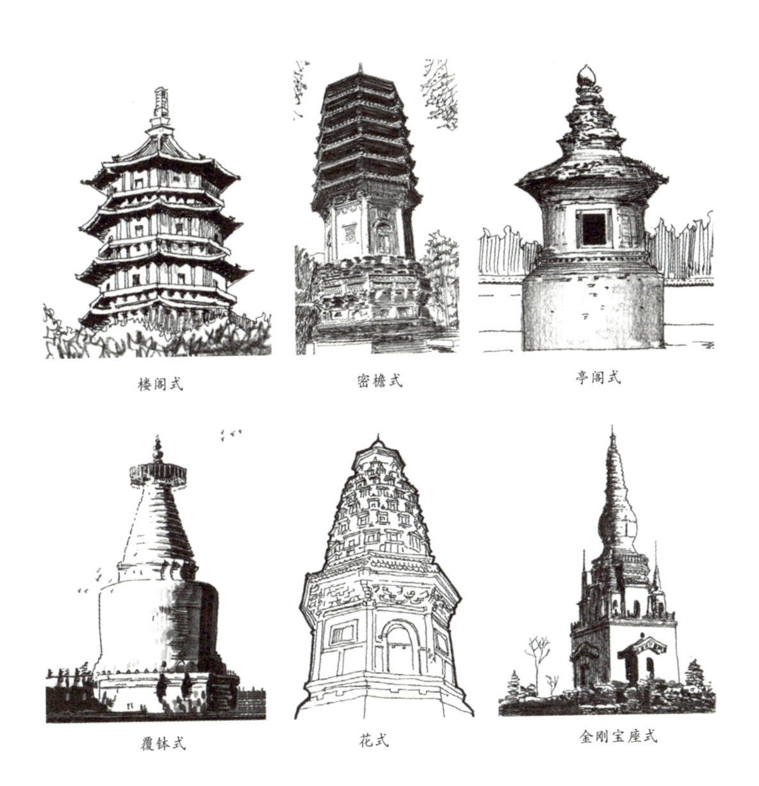

几种常见塔的类型

塔因为不能住人，在历年的战乱中较少被毁，因此保留下来的塔比佛寺要多得多。早期的佛塔矗立在寺院最外面，如应县佛宫寺塔，主要功能是供奉佛祖舍利。后来发现对于信教的广大人民群众来说，亲眼看见佛祖的形象更具有感召力。而佛祖的塑像若是放在塔里，光线昏暗很难看清楚。于是，人们更愿意建庙宇以供佛祖和众多的佛爷了。塔呢，就作为非主体建筑而被挪到了寺庙的后方。塔的材料多是砖石，在战乱中被保存的机会反倒比木结构的寺庙大了些。我们所到之处，有塔无寺的情况遍地都是，就是这个原因。

下面，我们就按塔的七种不同形式来看看我国都有哪些塔吧。

楼阁式塔

楼阁式塔的基础是中国古代的楼房。这种塔兼有高塔的纪念性和中空楼阁的可攀登性。从外形看，楼阁式塔的檐子间距大，看得出每层都有门有窗。塔里面有楼梯，可以攀登到顶上，给人一种通天的感觉。在打仗时，它可以用作瞭望塔，跟炮楼类似。

洛阳白马寺塔

广东南雄延祥寺塔（1009 年）

西安大雁塔（652 年）

山西应县木塔（1056 年）

北京良乡昊天塔

密檐式塔

密檐式塔一般为砖塔，也有全部用石头的。它是一种实心的塔，在中国是存量最多的塔。

河南登封嵩岳寺塔（约523年）

西安小雁塔（707—710年）

亭阁式塔

亭阁式塔较楼阁式塔结构简单，更为平民化。形式上如同中国式的小亭子，顶上加了个印度式的塔刹。塔身有四角形、六角形、八角形、圆形等，大多为单层。早期亭阁式塔为木质

山东历城神通寺四门塔（611 年）

河南登封净藏塔（746 年）

结构，后来被砖石所取代。最初亭阁式塔只是为了供奉佛像，后来这类塔逐渐发展成了埋葬僧人或普通人的墓塔。

覆钵式塔

覆钵式塔又称喇嘛塔，这种造型的塔在北魏时期的云冈石窟中就曾出现过。它是早期从印度流入中国西藏，再从西藏流传至其他地区的。覆钵式塔也是一种实心的建筑，形体大小不一，供崇拜之用，也被用作舍利塔，还可作僧人的墓塔。中国现存最大的覆钵式塔是建于元代的北京妙应寺（白塔寺）白塔，高 51 米，设计者为尼泊尔人阿尼哥。除此以外，还有北海公园的永安寺白塔，塔高 35.9 米，建于 1651 年。

北京妙应寺白塔

花式塔

这类塔其实是集中了好几种不同类型的塔的特点而成，大约是建塔的人想标新立异吧。你看，它的顶部是楼阁式塔的顶，而须弥座往往用密檐式塔的底座。塔身的细部有点像楼阁式塔，只是太过花哨了些。这种塔从北魏年间就出现了，但不甚普及。目前国内仅存十几处。

北京长辛店云冈镇岗塔

广惠寺华塔

正觉寺金刚宝座塔（1473 年）

金刚宝座塔

金刚宝座塔是一种保留印度迦叶山大塔特点较多的塔。这种塔往往在塔身或基座上有大量浮雕，塔座上中央一大塔、四周四小塔。

为什么要建五个塔呢？这里面有两层含义：其一，佛经记载须弥山上有五座佛山，五座塔象征了这五座佛山；其二，在佛教的密宗里佛有五方佛之说（显宗也有此说），这五尊佛代表了东西南北中五个方位。

西黄寺清净化城塔（1723 年）

经幢塔

经幢是一种刻有佛经的小型塔，它们的外形很像密檐式塔。为了镌刻方便，这类经幢往往是石头造的。唐宋时代，这类经幢遍及大江南北。明朝以后，渐渐少了。

赵州开元寺陀罗尼经幢（1038 年）

塔基浮雕

第九讲

佛教庙宇

庙宇

庙宇，是佛教文化的集中体现。早先，天竺的佛教不拜偶像，因此没有供佛的地点。他们的佛教建筑主要是坟、佛祖塔和石窟三种。坟，印度叫萃堵波。这是一种倒扣的半圆形建筑物，上面还拔出一个尖；石窟是僧侣们在深山修行时依山凿建的三合院式的住宅；佛祖塔是一种锥状的高耸构筑物，里面供着佛祖舍利。这三种建筑形式后来都传到了中国。

萃堵波到了中国，有一部分一直保留着印度味，只不过比例变了，肚子缩小而顶尖变大了，像北海的白塔和妙应寺的白塔。

印度佛塔除了供奉佛祖的舍利子外，还有一种塔是有道高僧的坟冢。这种建筑形式传到中国后，与我们原有的重楼融合、发展，逐渐形成有中国特色的塔。

早期，中国的佛教徒们的膜拜中心仍如印度一样是佛塔，如1056年所建山西应县密檐式木塔即在全寺的中心。后来，人们觉得冲着没有舍利子的塔磕头有点儿没道理，渐渐转向了拜佛像。于是安放佛像的大殿代替塔成了佛寺的中心，这时建的塔有的退居二线，建在中轴线末端后院里，如妙应寺（白塔寺）；也有的反倒放在最前面大门两边，如原悯忠寺前的两座塔；也有的完全把塔当成圆寂高僧的纪念碑而另设塔林，如潭柘寺。塔渐渐成了佛教的一种独特的象征性建筑了。石窟也不再是僧侣们的住所，而成了石头大佛们的栖息地了。

除了从人家印度舶来的佛教建筑外，中国更因地制宜地发展了一种建筑物，即佛寺。因为印度传来的以上三种建筑物都没提供讲经的场所。原来，释迦牟尼最初创教时，没有固定的说法场所，一般都是在树林里找个凉快地方，连说的带听的全都席地盘腿而坐。这种说法场所在印度叫阿兰若，意思就是树林子。印度气候炎热，一年四季待在树林里也冻不着。可是到了中国，僧侣们就给冻的不得不进屋了。

第一批印度僧侣刚来到中国时，地方官员是在一个叫鸿胪寺的官方所设外宾接待站接待的他们，以后“寺”这个词就成了佛教活动场所专用的了。后来，一些笃信佛教的富人们贡献出自己家现成的中式四合院，前房供佛，后院讲经。人们发现这种建筑布局挺适合佛教的教意和宗教仪式的，因此寺庙就在四合院的基础上发展起来了。再者，早期在印度，人们膜拜的对象是舍利子，包括佛牙。释迦牟尼圆寂时已是 79 岁高龄，就剩 4 颗牙了。人家悉达多没有名利思想，他根本没料到自己的牙日后会成了神物，先前拔的或自行脱落的牙也就没留着。这下麻烦了，全世界的信徒们都抢着要那四颗宝贵的牙！中国有幸得到

北京碧云寺山门内的哼哈二将

一个，可这一个牙哪儿够供的呀，大多数寺庙便干脆改以拜佛像为主。

在佛教里可供奉的佛像除了最重要的释迦牟尼本人外，粗略统计一下还有好几十个呢。要把他们全都放在屋子里，中式四合院的正房、厢房、一层一层的院子是再合适不过的了。

典型的佛寺平面布局一般都设一条中轴线，重要的建筑排列在中轴线上，次要建筑分列两旁。这些建筑物按功能可分防卫，供奉，修行三类。

属于第一类的有山门和天王殿两座建筑。除了当门用以外，它们还起着一种心理准备的作用。你看，在山门里一左一右站着哼哈二将，先给人一个下马威，叫你不敢嘻嘻哈哈的，必须得收起凡念一心向佛。

山门多用砖砌，下开 1 个或 3 个不大的门洞，以体现其坚不可摧。进了山门走不了几步，在天王殿里再吓唬你一回。这一次人数加倍，四大天王分列两旁，有持剑的，捏蛇的，打伞的，弹琵琶的。他们脚底下都踩着青鼻子绿脸的小鬼，你要是老老实实的，天王们就佑护于你，否则就对你不客气！

顺利地通过天王殿，就到了一个较大的院子，中间一座令人肃然起敬的大殿是大雄宝殿。殿里面端坐着佛祖如来等 3 尊大佛，左右分列十八罗汉。大雄宝殿两旁的偏殿或厢房往往被叫作弥勒殿、药师殿、观音殿、祖师堂（供奉达摩老祖）等等，用来供奉与这些名字相应的佛祖和菩萨们等。大殿和偏殿构成了第二类建筑——供奉类。

第三类建筑是修行类的，因其不对外，被放在后面的第三进院子里。这里有禅堂、念佛堂、水云堂等。僧人们在此聆听讲经、打坐修行。一般人进不到这里，除非你打算落发为僧。

最后面的一进院子往往是藏经楼。作为中轴线上建筑群的结束，藏经楼一般建成两层楼房。

佛教一般要求出家人从农历四月十五到七月十五定居于一个寺院，不得随意居住。因此寺庙中除去做法事的部分外，还要有很大的生活用房。这类房屋一般设在跨院，包括寝堂、茶堂（接待）、延寿堂（养老）、斋堂（进餐）、香积堂（厨房）以及浴室、库房等。另外，大型寺院山门内还设有左钟右鼓二楼。晨敲钟暮擂鼓，除了报时，亦可营造一种庄重而宁静的气氛。所谓："当一日和尚撞一日钟"。可见敲钟之必须。

下面，让我们一起来看看几个典型的佛寺，以及在那些庙里曾经发生的故事。

五台山佛光寺　梁思成林徽因的伟大发现

佛光寺在山西五台县豆村镇，是我国现存的三座唐代木构建筑中规模最大的，正殿（东大殿）建于唐宣宗大中十一年（857年）。五台山在唐代是佛教圣地，佛光寺是当时的五台名刹之一。现在佛光寺的殿堂中，只有东大殿是唐代建筑。奇怪的是我们都到了豆村，跟人打听佛光寺，愣是没人知道。大概当地人给它起了个别名吧。

现存东大殿面阔七间，进深八架椽，单檐庑殿顶。总宽度为 34 米，总深度为 17.66 米。整个构架由回字形的柱网、斗拱层和梁架三部分组成，这种水平结构层组合、叠加是唐代殿堂建筑的典型结构做法。

东大殿作为唐代建筑的典范，形象地体现了结构和艺术的高度统一，简单的平面却有丰富的室内空间。大大小小、各种形式的上千个木构件通过榫卯紧紧地咬合在一起，构件虽然很多但是没有多余的、没用的。而外观造型则是雄健、沉稳、优美，

佛光寺

表现出唐代建筑的典型风格。

说起来，这个现存唐代年头第二古老的木结构建筑，还是我的老师梁思成和师母林徽因找到的呢！因为当时日本人断言，唐代木构建筑在中国已经绝迹了，只有在日本才能看到。梁林二人不信这个邪，他们认为在某个少有人迹和未经战乱的地方，肯定还能找到唐代木构建筑。根据分析和一幅画的启发，他们认定了它就在五台山里。

当时的交通条件极差，公路公路没修，汽车汽车没有。他们骑着毛驴，在崎岖的山路上颠簸前行。有时山路陡得连毛驴都不肯走了，他们只好自己顶替毛驴，背着辎重，还得拉上毛驴——回来时用得到——继续前进。走了两天，黄昏时分到了豆村，只见前方一处泛着金光的大殿在向他们招手。他们快步前行，进入大殿，抬头仰望，啊！这就是他们久久寻找的唐代古建吗？在夕阳里，他们的心剧烈地跳了许久。

开始测量了。他们在蝙蝠群里爬行，与臭虫团队奋战，几天后好不容易才在大梁下依稀看见有些墨迹，似乎是“女弟子宁公遇”等。谁是宁公遇？其他的字是什么？屋顶太暗，尘土堆积，使他们无法看清全部的字迹，只好请庙里仅有的两个和尚之一去附近的村里找人帮忙。和尚跑了一天，仅寻得二老农。老农只会耪地，不会搭梯子。大家一起忙活了一整天，扎了个梯子，才算能把湿布不断地传递上去，进行擦拭。如此费了三天的时间，终于读懂了全部的字，搞清了此殿建于唐大中十一年（857年），那些字都是当地官员和出资者的姓名，宁公遇是主要出资人。

什么是“有志者事竟成”，此一例也。梁思成、林徽因二位先生，功不可没啊！

天津独乐寺　仅存的三大辽代寺庙之一

独乐寺在天津蓟州区老县城内西大街。它建于辽统和二年（984年），比宋《营造法式》的颁布早了119年，上距唐朝灭亡仅80年，因此建筑形式正处于唐宋之间。

观音阁

独乐寺现保存有山门和观音阁两座建筑。在马路对面的停车场北，还有一道影壁，我觉得它跟寺庙原本应该是一家子。观音阁是一座外面看着两层实则内部三层的建筑，它用三层跑马廊把一座高 16 米的泥塑观音围在了当中。站在底层往上看，你简直看不见观音的头，倒是脚底下的莲花座和身边的侍从很近人。到了第二层，你就跟观音下垂的左手一般高了。上到第三层，你就可以站在跟观音的胸一样高的地方近距离观看观音那慈祥的脸。用这种手法，聪明的古代匠人突出了观音的高大。

山门和观音阁的突出特点是硕大的斗拱，每层斗拱的高度竟然占了柱高的二分之一！这是与清代建筑上那些马蜂窝似的小而密集的斗拱完全不同的。它的大梁断面的高宽比为 2 比 1。这很接近现代力学的计算结果。而清代大梁断面的高宽比是 10 比 8，显得蠢胖多了。总而言之，它给你一种雄壮的美感，仿佛电影里那个浑身肌肉的超人。

山门面阔三间（16.63 米），进深两间四椽（8.76 米），单檐四阿顶，建在石砌台基上，平面有中柱一列。此门屋檐伸出深远，斗拱雄大，台基较矮，形成庄严稳固的气氛，在比例和造型上都是极成功的。山门里的一对哼哈二将看来是早期的作品，生动而有力。

值得一提的是蓟县老百姓的功绩。明末清初，蓟县有过三次大的战乱。逢到有兵匪到来，全县青壮年就自动围在独乐寺周围，手持菜刀木棍拼死保护。北伐成功后，蓟县国民党党部有

从底层看观音

观音阁角部斗拱

人在“破除迷信”的口号下打算拍卖独乐寺。消息传出，全县哗然，群情激动和舆论指责致使此事未能得逞。独乐寺这个千年古寺基本完好保存至今，蓟县百姓得记头功。

辽宁奉国寺　历经劫难幸存至今

辽宁省锦州义县的奉国寺，位于义县城内东街，建于辽开泰九年（1020 年）。因寺内有辽代所塑七尊大佛，当地人称之为七佛寺。这七尊高 9.5 米的大佛，个个面貌圆润、体态丰盈，是佛寺中不可多得的艺术品。大雄宝殿位于中轴线的北端，面宽 9 间、55 米，进深 5 间、33 米，总高度 24 米，建筑面积 1800 多平方米。它不仅是国内辽代遗存最大的木构建筑，因其面积全国最大，又堪称中国寺院第一大雄宝殿。殿内梁枋及门拱之上有飞天、流云等辽代彩画，四壁绘有元、明时期壁画。梁思成先生称它为“千年国宝、无上国宝、罕有的宝物。奉国寺盖辽代佛殿最大者也”。

此寺还有一大奇特经历。中国古代著名的佛教寺院原始建筑历经千百年无一不遭破坏毁灭，唯独供奉列尊佛祖的奉国寺不可思议地躲过了五次劫难，而雄姿依旧。第一劫——金灭辽战争。第二劫——元灭金战争（1303 年）。第三劫——1290 年元代大地震。地震波及奉国寺，周边房屋均坍塌，而奉国寺殿宇仍巍然屹立。第四劫——辽沈战役义县攻坚战。最奇特的就

义县奉国寺全貌

大雄宝殿内七尊大佛

是这次经历了：1948 年 10 月 1 日，奉国寺大雄宝殿殿顶被一枚炮弹击穿，炮弹落在佛祖释迦牟尼佛双手之中，有惊无险的是炮弹没有爆炸，只是损伤了佛像右手（1950 年原辽西省拨专款派文物专家刘谦对其进行修复）。神奇的是另有两枚炮弹落在寺院中也成了哑弹。第五劫 ——“文化大革命”。“文革”中，红卫兵在国务院公布的“全国重点文物保护单位”标志面前未敢造次，致使大庙躲过了第五次，希望也是最后一次劫难。

山西大同华严寺　带图书馆的庙

华严寺在山西大同城西的下寺坡街，曾分上下华严寺两

华严寺书柜

个，其实它们在同一个院子里。大雄宝殿始建于辽清宁八年（1062年），面宽九间，进深五间，建筑面积1559平方米，是我国现存辽金时期最大的两个佛殿之一（另一个是上面提到的奉国寺大殿，比它大200平方米）。大殿的琉璃鸱吻高4.5米，北端的那个经考证是金代遗物，历经沧桑而至今光泽依旧。殿内有被称为“五方佛”的五尊佛像，当中三个是木雕，左右两尊为泥塑。殿内墙壁上有清代绘制的21幅巨型壁画，色彩鲜艳保存完整。其面积之大，仅次于芮城永乐宫壁画，居山西省第二。

合掌露齿菩萨塑像

华严寺最值得称道的是它的一个叫薄伽教藏殿的建筑，这是一座藏佛经的图书馆。试问，在那个年代，国内外专门的宗教图书馆能有几座？何况书柜制作之精致，U 形排列之巧妙，绝对是国内独一无二的。

薄伽教藏殿内有著名的合掌露齿菩萨彩塑。据当地人说，这里面还有个故事：辽代皇家因崇信佛教，遂征调能工巧匠修建华严寺。城外有个雕造技术出众的巧匠，因为不忍心留下年轻的独生女儿一人在家，便拒绝应征。这惹恼了官府，总管以“违抗皇命”的罪名把他痛打一顿，捉去做塑像。他女儿惦念老父亲，便女扮男装，假充工匠的儿子，托人说通总管，前来照顾老父亲，并主动为大伙煮饭烧菜、端茶送水。她见父亲和工匠们塑造神像时苦苦思索，便常在一旁或立或坐，做出双手合十、闭目诵经的姿态，为他们祈祷。雕工们受到启示，便依着她的身段、体形、动态塑造了这尊菩萨。

北京潭柘寺　比北京城还古老的寺庙

潭柘寺在西郊门头沟区潭柘山的山腰里，始建于西晋（256-316 年），可算得上一座老庙了，因此北京人有“先有潭柘寺，后有北京城”的说法。跟一切大型建筑一样，它的名字也曾改过多次。基本上是大修一回，就得改个名字，要不人家投入人力物力地修它干吗呀，总得留下点痕迹吧。它最初的名字叫嘉福寺，因山上有泉水，唐代改为龙泉寺，后来还叫过万寿寺、岫云寺，再后来干脆就以本地特产的龙潭和柘树为名，叫了潭柘寺。

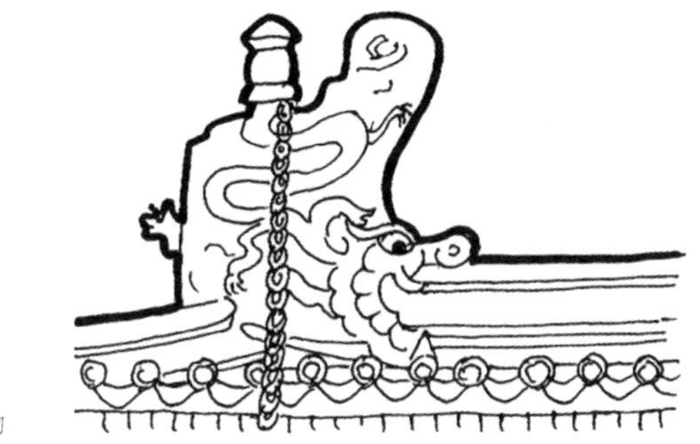

正吻

大雄宝殿

潭柘寺依山而建，山势正好把院落逐进升高，不费什么劲就得到了宏大雄伟的气势。全寺共有三条纵向轴线，主要轴线上自然是山门、天王殿、大雄宝殿之类的主要建筑。值得一提的是大雄宝殿的等级非同小可，它用的是重檐庑殿屋顶，黄琉璃瓦绿剪边，台基下加汉白玉栏杆，规格远高于一般佛寺。估计是康熙三十一年（1692 年），皇上亲自来过之后，又赐了金子，有了钱，更有了皇上做后盾，重建时把等级抬高了。

大雄宝殿的正吻（学名螭吻），是龙王的第三个儿子，他被塑造成一对儿，高踞在屋顶之上，俯瞰芸芸众生。传说有一回康熙皇帝前来拜佛，那俩小龙低头一看，乖乖不得了，真龙来啦，赶紧跑吧！刚一动弹，就被眼尖的康熙看见了，忙叫了一声："站住！"哥俩吓得没敢再动。康熙不放心，命人用两条粗大的金链子把他俩锁了起来，于是他俩便老老实实地趴在那儿，至今未动地方，那链子也还在屋顶上。你要是仔细看，可以发现它们在阳光下熠熠生辉，它们的正式名字叫"镀金剑光带"。这金链子不但是装饰品，而且兼有避雷针的作用。

潭柘寺香火旺盛，常住寺内的和尚最多能有上千人，平时也有三五百人。那口供和尚喝粥的大铜锅直径竟有 3 米，深 2.2 米，一次能下米 16 斗。熬粥的小和尚估计都得蹬着梯子干活儿。

北京天宁寺　姚广孝所终之地

天宁寺在广安门外，西便门附近。在二环路从北向西拐弯处。相传北魏（5 世纪）时大建佛寺，这里就建有光林寺。明

天宁寺塔

永乐二年（1404 年），明成祖把原已破烂不堪的寺院整修一新，改为天宁寺并沿用至今。为什么朱棣对佛寺这么起劲呢？原来他是要报恩。朱棣在做燕王时，原本没想当皇帝，都是姚广孝一个劲地撺掇他，才使他成就了一统。事成之后，姚广孝要退居二线，朱棣不愿离他太远，就在京城里找了个没人要的名刹，大大地修理了一番。寺宇建好之后，第一个进住的当然是这位姚广孝。他原本就是和尚，大功告成后退身于此，也算不忘根本吧。

天宁寺塔建于辽代，是一座密檐实心砖塔，塔的平面呈八角形，坐落在方形平台之上，总高 57.8 米。它的出檐逐层向上递减，使整个轮廓略成抛物线状，外形柔和优美。我的建筑史老师曾经对这个造型称赞不已，并举出塔身成直线的八里庄塔以作对比。那个塔也是八角形密檐实心砖塔，但没有这种弧状的外形，显得十分僵硬。这叫不怕不识货，就怕货比货。

天宁寺塔的塔身下部塑有大量精美的力士、菩萨等。可惜我去拍照时他们还处于缺胳膊断腿的状态，不知如今是否实施了断肢再植的“手术”。

对于天宁寺塔之美，古人有诗赞曰：“千载隋皇塔，嵯峨俯旧京；相轮云外见，蛛网日边明。”

河北正定隆兴寺　神奇的转轮藏

正定隆兴寺在河北正定县城内东门里街，是河北省最古老也

摩尼殿

转轮藏

是最大的古刹。其中，摩尼殿、转轮藏殿造型均十分突出。摩尼殿那复杂的屋顶，除了故宫角楼外，就只在宋代的国画上见过了。而且它的柱子断面有变化，下粗上细，柱头有卷刹，四个角的柱子比当中的柱子要高。这都是后世建筑中见不到的。

隆兴寺建造年代起初未找到依据，但梁思成先生估计总在北宋年间。1978 年摩尼殿下架大修时，在多处构件上发现墨迹，证明它建于北宋皇祐四年（1052 年）。可见梁先生当年的估计十分准确。

转轮藏殿的中心是一个可以转动的直径 7 米的转轮藏，实际就是一个八角亭子形状的大书架子。为了能让这个大家伙转动，古代工匠们在结构上是颇费了一番心思的。它的建造年代并不是如日本古建专家所说的清代，而是如梁先生所估计的宋代。虽然到底没找到真凭实据，但 1954 年大修时，发现有爱题词的人在悬柱上题“元至正二十五年（1365 年）× × 到此一游”，更加证明了此殿起码早于 1365 年建成。看来满处题词也未必都是坏事。

北京法源寺　为忠魂祈祷

法源寺在北京市宣武门外教子胡同东，原名悯忠寺，是北京城内历史最悠久的寺庙。唐贞观十九年（645 年）3 月，唐太宗李世民不听劝阻一意孤行御驾亲征高丽国，8 个月后损兵折将败回幽州。为悼念战死他乡的忠勇将士并抚慰家属，也是有点后悔吧，唐太宗打算建一座庙，但因战事繁忙，腾不出工夫来，竟然一直未能实现。半个世纪后的唐万岁通天元年（696 年），武则天想起唐太宗的这一遗愿，为表示她是李家的人并忠实地继承先帝之志，遂拨款动工修建悯忠寺。

原悯忠寺有三进院子，加上跨院，竟有七个院子之多。最后面的观音阁应为面阔七间，高 35 米，三层楼的大型木构。其规模比现存蓟县独乐寺观音阁大得多。寺前一左一右两座塔是“安史之乱”期间所修。安禄山先修了一座，史思明一看不甘落后，也建了一座。

辽、金以来，悯忠寺一直是座名刹。辽国的皇帝皇后曾多次来这里做法事。到了宋代，凡有重要外宾来访，一般都要到这里来参观，有时还让客人下榻于寺内“五星级宾馆”，可见当时此寺地位之重要。北宋灭亡时宋钦宗赵桓被金兵俘获，曾被关在寺内好几天。元至元二十六年（1289 年），宋朝遗臣谢叠山被抓到北京，拒不降元，在此绝食而亡。

明崇祯三年（1630 年）8 月 16 日，由于崇祯不辨忠奸，中了清皇太极的反间计，竟将屡败清军忠心报国的 46 岁儒将袁崇焕凌迟处死，并割下头颅，其尸骨被愚昧的市民分割。袁崇焕的家人佘义士半夜冒死从刑场上偷回了他的首级，立即带到悯忠寺，向寺庙的住持哭诉其主人的冤屈。富于正义感的住持忙把寺内全体僧人叫醒，连夜为这位蒙受千古奇冤的爱国将领做了法

法源寺前广场纪念柱（上书“唐悯忠寺故址”）

事，又将遗骨送到位于今花市斜街 52 号的广东义园安葬。这位佘老先生临死前对他的家人交代说，他的后人一不许入朝做官，二不许离开袁崇焕的坟冢。佘家后人谨遵祖训，世世代代守护着这位先烈。

扯远了，还是回法源寺来吧。法源寺内树木繁茂，还有一样驰名京城的，就是丁香。每逢 5 月，满院清香沁人心扉，因此专有慕丁香花名而来的。

山西广胜寺 《金藏》历险记

一提起山西的洪洞县，人们就会想起那个忠于爱情的小女子苏三来。其实在洪洞县，还有个好听的故事，这故事发生在广胜寺。

广胜寺在距洪洞县城 17 公里的霍山，分上下两寺。上寺创始于汉，初建于唐，毁于元大德七年（1303 年）的地震，元延祐六年（1319 年）重建。现存建筑已为明代重建的遗物，但形制结构仍具元代风格。

下寺山门内为塔院，内有一塔。塔的名字很美，叫飞虹塔；颜色也美，是座楼阁式琉璃塔。

这座塔是明代的砖塔，高达 47 米，八角十三层。塔身青砖砌成，各层皆有出檐。以黄、蓝、绿三色琉璃烧制的斗拱、莲座、佛龛、力士、神将、飞龙、飞凤、团龙、牡丹等，制作精

广胜寺塔院大门

巧，彩绘鲜丽，至今色泽如新。塔中空，有踏道翻转，可攀登而上。登塔的阶梯每步高约 60 厘米，而宽仅 10 厘米，其上升的角度约为 60 度。在梯子两旁的砖墙上挖了小洞，既可放烛火，也可供攀登者手扶之用，设计十分巧妙，为我国琉璃塔中的代表作。不过，林徽因先生认为此塔收分太过直线，不够柔美。确实，这就像一个女人，长得倒是眉清目秀的，可是腰粗腿短，体形不佳，算不上是美人。

多年前我曾去过广胜寺，但不是为了考察古建，而是因为在这个寺里曾经发生过一个动人的保护《赵城金藏》的故事。

飞虹塔

这个寺院内曾保存着一部金代手抄的佛经巨著《赵城金藏》。此书约刻成于金大定年间，是我国大藏经中的孤本。因雕刻于金代，故称《金藏》；又因原藏于赵城镇（现属洪洞县）广胜寺飞虹塔内，也叫《赵城金藏》。它是金代由民间捐助刻成，其中一女子崔法珍自断双臂募捐的事迹最为感人。整个经卷共有约 7000 卷，全部用卷轴装裱。1933 年被发现时，还有不到 5000 卷。

1933 年，一位名叫范成的和尚在广胜寺见到这部举世罕见的大作。他一嚷嚷，世人都知道了，结果坏了菜了。

1937 年，蒋介石曾嘱十四军军长李默庵向当时广胜寺的住持力空法师施加压力，要把这部经卷带走，结果遭到力空召集来的赵城僧俗一致抵制。回寺后，力空法师马上动员寺内人员，把原放在弥勒殿的经卷运到飞虹塔内，藏了起来。

1942 年春，侵华日军派遣所谓"东方文化考察团"来赵城活动。在得到有关《赵城金藏》的确切消息后，日军向寺内提出，要于当年农历三月十八（1942 年 5 月 2 日）庙会期间上藏有佛经的飞虹塔游览，其狼子野心昭然若揭。当时的住持力空法师连夜急走 20 多里，来到设在兴旺峪的赵城县抗日政府，并立即找到杨泽生县长请求援助。经晋冀豫边区太岳军分区政委史健请示上级后，立即派出百余名战士在三十多位僧人的配合下，登塔连夜抢运，将存于此寺的 4957 卷《赵城金藏》运出，还派了一支游击队佯攻县城以转移敌人注意力。待到日本人登上飞虹塔，发现《赵城金藏》已不翼而飞，气急败坏地要捉拿力空法师，但力空法师也已经不见了。

在艰苦的抗战年代里，这部浩大的《赵城金藏》始终跟着八路军转战太行山。它们曾经被藏在废弃的矿坑里 4 年之久。日本投降后，又在涉县温村的天主教堂里保管。这个教堂的神父张文教为了晾晒这些已经相当潮湿的经卷，费尽心机地弄来了许多锯末，慢慢地烤它们。由于工作量极大，他竟累得吐了血。（我曾到过这个教堂，也累得够呛。）直到 1949 年北京解放，才把它们运到了北京。那时，许多经卷都已受潮板结了。

在这期间，还有多名人士捐出了他们自己捡到或保藏的部分经卷。从 1954 年到 1964 年，琉璃厂韩魁占等四名老师傅花费了十年时间，才将它们一点一点裱在了另外的宣纸上，整理出了 4800 多卷。这部有 800 多年历史的佛经，凝聚了多少人的心血！

拉萨大昭寺　拉萨的“城市精神中心”

大昭寺是西藏最辉煌的一座吐蕃时期的建筑，殿宇雄伟，庄严绚丽。它始建于唐贞观二十一年（647 年），是吐蕃赞普松赞干布为纪念从尼泊尔娶来的尺尊公主入藏而建的。后经历代修缮增建，形成庞大的建筑群。7 世纪的吐蕃王朝正处于鼎盛时期，大昭寺又名“祖拉康”，藏语意思是经堂。“大昭”，藏语为

大昭寺

“觉康”，意思是释迦牟尼，就是说有释迦牟尼像的佛堂。而这尊释迦牟尼像便是指由文成公主从长安带来的一尊“觉阿”佛（释迦牟尼 12 岁时的等身镀金像），在佛教界具有至高无上的地位。

1409 年，格鲁教派创始人宗喀巴大师为歌颂释迦牟尼的功德，召集藏传佛教各派僧众，在此寺院举行了传昭大法会，后寺院改名为大昭寺。也有人认为早在 9 世纪时，这个寺院已改称大昭寺。

大昭寺是西藏现存最大型的土木结构庙宇建筑，开创了藏式平川式的寺庙布局规式。它融合了藏、唐、尼泊尔、印度的建筑风格，成为藏式宗教建筑的千古典范。

西藏的寺院多数归属于某一藏传佛教教派，而大昭寺则是各教派共尊的神圣寺院。西藏政教合一之后，西藏地方政权“噶厦”的政府机构也设在大昭寺内。格鲁教派活佛转世的“金瓶掣签”仪式历来在大昭寺进行。

云南曼春满寺　南传佛教寺庙

与内地的汉传佛教和藏传佛教不同，云南傣族聚集地的曼春满佛寺属于南传佛教。所谓南传佛教，是由印度向南传到斯里兰卡并且不断发展形成的佛教派系。在教义上，南传佛教传承了佛教中上座部佛教的系统，遵照佛陀以及声闻弟子们的言教和行持过修行生活，因此称为“上座部佛教”。上座部佛教主要流传于斯里兰卡、缅甸、泰国、柬埔寨、老挝等南亚和东南亚国家，以及我国云南省的傣族、布朗族、德昂族聚居地区。

曼春满佛寺坐落在西双版纳傣族自治州景洪市勐罕镇曼春满村，始建于 583 年（中原的南北朝时期），已有 1400 多年历史，是当地有名的佛寺之一。据当地人说，它是佛教传入西双版纳后修建的第一座佛寺。

曼春满是傣语，意思是“花园寨”。这里是曼将、曼春满、曼乍、曼听、曼嘎 5 个傣族村寨组成的一个傣族园，以曼春满佛寺为核心。中央的金色大殿是建筑群的主体，占地 490 平方米。大殿长 23.5 米，宽 21 米，呈长方形。屋脊端有吉祥鸟卧立，中间是若干陶饰品，室内佛殿高大宽阔，44 棵直径分别为 0.4 米和 0.6 米的圆形水泥柱分排在殿宇两旁。所有圆柱都以红色为基色，用金粉绘制图案作饰品，显得金碧辉煌。

曼春满佛寺入口及大殿

第十讲

道教建筑及妈祖庙

道教建筑

道家对天文、地理、命运都有自己的一套理论。道家正视现实，勇于实践，积极面对人生。古代很多优秀的军事家、理论家，都信奉道教。由于道教热衷于炼丹，有些道士在长期的实践中研究出了一些药物治病的方法，丰富了我国的医学宝库，也扩大了古代的化学等科学技术和知识领域。

道观与佛寺同源于中国的四合院建筑，因此形制基本相同，只是殿宇的名称不同。另外，道观里没有塔、幢等佛教特有的构筑物。道家是多神论者，他们的神仙比佛教的还要多，因此需要的建筑面积也大。除了最主要的三清外，尚有四御、三官、真武大帝、三十六天将、八仙、关公、风雨雷电神、土地爷、财神、判官、各种娘娘、钟馗等，有名有姓的不下百位。据清代乾隆年间统计，北京城有各类庙宇 1300 座，独占鳌头的就是属于道教的关帝庙，有 200 座；第二位是属于佛教的观音寺，有 108 座；并列第三的是土地庙和真武庙，各有 40 座；第五位是娘娘庙；第六位是三官庙，有 31 座。前六位有五位都属于道教

老子骑青牛出函谷关

的庙宇，由此可以看出，道教的寺观占了庙宇总数的小一半。

道教寺观中的一大特点是神像极多，而且神仙所佑的都是老百姓日常生活里常遇到的问题，如难产、小孩子出麻疹等。神仙们大多平易近人，绝不会无缘无故地惩罚你，因此受的香火也多。

道教的宗教活动大部分是纪念各种圣祖的诞辰，如玉皇诞辰是正月初九，邱祖诞辰是正月十九，吕祖诞辰是四月十四。再就是上元节正月十五，中元节七月十五，下元节十月十五，等等。其仪式多为院中设坛，以坛为中心讲道游行。逢到大型活动，往往半个北京城的人都会蜂拥而至，进完了香还要连吃带玩儿热闹一天。仅仅道观是不够用，附近的大街小巷就都用上了。这类活动被称为庙会，在这里除了能给各路神仙烧香上供外，还能逛集市、戏院、小吃店等。世俗的欢乐成分往往大过宗教成分。

据1930年统计，当时北京城里的庙会有20处，城外有16处，其中大多数都是在道教的寺观里举行的。可惜，如今城里这类庙保留下来的已为数不多了。究其原因，可能是道教的神仙们脾气太好，容易被欺负。当初老百姓没房子住，又不敢去森严的佛教大庙里，只好到什么娘娘庙、吕祖庙等处安身。慢慢地，庙宇都演化成了民居大院，神像也没人修了，就此败落下去。

下面，咱们也跟介绍佛教建筑一样，从石窟开始。

道教石窟　传递道教文化

如同佛教的石窟一样，道教的信徒也在山里留下了永久的圣人雕塑，但比佛教的石窟要少得多。

山西龙山石窟

在山西太原的龙山，我们看见了难得一见的道教石窟。它的规模很小。龙山也可以说根本称不上是“山”，只是一块大石头而已。石头上挖了些洞，洞里“住”着道教的各路神仙。可惜为防盗，洞口都装了铁栏杆，里面的神仙们与外界基本绝缘。

山西龙山石窟

山东青州云门山石窟

山东青州云门山石窟

云门山石窟在山东省潍坊市青州市城南 4 公里王家庄山中。这里的石窟可分为佛教造像窟和道教造像窟两类，是佛教、道教共处一山的一个例子，虽然分处山的两面。

佛教造像窟在云门山的阳面，有山东地区现存为数不多的唐代以前佛教造像，因历史久远、规模宏大、造像精美，被各方人士所赞赏。

道教造像在云门山阴东侧，称为万春洞。万春洞高 1.6 米，宽 1.2 米，深 5 米，是明代嘉靖年间衡王府内典膳掌司冀阳周全为纪念陈抟老人而凿。本洞雕有陈抟老人枕书长眠石像一躯。金代道士马丹阳像刻于寿字西的石壁上。马丹阳就是“全真七子”中的马钰。他的师父是王重阳，此像雕刻年代不详。

泉州老君岩

在泉州北郊有座山，名清凉山，是道教的圣地。山中一块巨石名“老君岩”，刻画的是老子的像。

清凉山上老子坐像

四川绵阳摩崖造像

四川的摩崖石刻造像可谓中国之冠。可能因为那里石头山较多，川人又善于攀登，因此在陡峭的山崖上作雕刻就不足为奇

绵阳西山观摩崖造像

了。在两岸猿声啼不住的岷江、嘉陵江两岸，这样的石刻比比皆是。绵阳西山的摩崖造像在凤凰山，那里有摩崖造像八十多龛，多为道教题材。其中，隋大业六年（610 年）龛为国内最古老的道教造像。

西山玉女泉崖壁上有 25 龛道像，最大龛 (25 号) 长 2.8、高 1.62 米。老君与天尊并盘腿坐莲台上；供养人分四列布于左右壁上。供养题名刻字有“上座杨大娘，录事张大娘，王张释迦，文妙法，雍法相……”另有题记刻字云：“大业六年太岁庚午十二月廿八日。三洞道士黄法暾奉为存亡二世敬造 天尊像一龛供养。”可见，此造像的雕刻年间最早应在隋代。

此外，尚有“成亨元年”“咸通十二年”等题刻。成亨不知何时何人的年号（“成亨”似为“咸亨”之误，咸亨为唐高宗年号，咸亨元年为 670 年），咸通应是唐懿宗的年号，咸通十二年是 871 年，也够早的。

要这么看来，题字也不一定是什么坏事，只要不破坏文物就行了。

道教名山　洞天福地

道教也有不少名山，如：江西三清山、湖北武当山、四川青城山。爱看金庸小说的人对这些名字一定不生疏。下面，咱们分别来看看吧。

三清宫石牌坊

正殿

江西三清山

三清山在江西省上饶市玉山县城附近。这里为历代道家修炼场所，自晋朝葛云、葛洪来山以后，便渐渐成为信奉道学之人的向往之地。

三清宫坐落在三清福地南侧九龙山口的龟背石上，海拔约1533米，全部为石凿干砌花岗岩结构，是三清山道教主要标志性建筑。从登山处步云桥直至天门三清福地，共建有宫观、亭阁、石刻、石雕、山门、桥梁等200余处，使道教建筑遍布全山。其规模与气势，可与青城山、武当山、龙虎山媲美。

三清宫石牌坊，前面是灵官殿、魁星殿。石牌坊造型古朴，线条优美，雕工精湛，完全不输给欧洲的古老石头建筑。

湖北武当山

武当山在汉末至魏晋隋唐时期，是求仙学道者的栖隐之地。至宋代，道经始将传说中的真武神与武当山联系起来，并将武当山当成真武的出生地和飞升处，为它以后的显荣尊贵打下了基础。入明以后，武当山被封为“太岳”，并成了道教中真武大帝的道场。

武当山高大雄伟，主峰海拔1612米，半山腰有宋代书法家米芾写的“第一山”三个大字。它的古建筑群规模宏大，气势雄伟。从唐代至清代共建庙宇500多处，庙房20000余间，明代皇帝都把武当山道场作为皇室家庙来修建。现存较完好的古建筑有

武当山主峰

真武大帝像

129处，庙房1182间，简直就是古代建筑成就的展览馆。金殿、紫霄宫、“治世玄岳”石牌坊、南岩宫都是其中的佼佼者。因为供奉的真武大帝又称玄武大帝，是龟蛇合一的水神，主体建筑群看上去是由一圈墙构成的龟，而其间蜿蜒的小路便是蛇的象征。

特别值得一提的是金殿，这是一座由90吨铜浇铸、300公斤黄金鎏金的金属建筑。全部构建都是在北京做好，由水路经陆路运到武当山，再在当地榫接而成。金殿前的栏杆不是通常的汉白玉或青石，而是用5亿年前形成的化石雕就而成，这也是该建筑的一绝。

目前，武当山因它的武术学习班声名远播，全世界许多国家的年轻人慕名而来，在这里学太极，学武术，学道家文化。

青城山山门

四川青城山

青城山位于四川省都江堰市西南、成都平原西北部、青城山一都江堰风景区内，距成都 68 公里，距都江堰市区 16 公里。古称丈人山，为邛崃山脉的分支。

青城山是中国著名的道教名山，也是中国道教的发源地之一，自东汉以来至今已 2000 年。东汉顺帝汉安二年（143 年），张陵天师来到青城山，选中青城山的深幽涵碧，结茅传道。全山的道教宫观以天师洞为核心，至今完好地保存有包括建福宫、上清宫、祖师殿、圆明宫、老君阁、玉清宫、朝阳洞等在内的数十座道教宫观。

建福宫

张陵，客居四川，学道于鹤鸣山中，根据巴蜀地区少数民族的原始宗教信仰，奉老子为教主，以《道德经》为经典，创立了“五斗米道”。张陵晚年羽化于青城山，此后青城山成为天师道的祖山，全国各地历代天师均来青城山朝拜祖庭。天师道经过张陵及其子孙历代天师的创建和发展，逐渐扩散到全国。

明朝末年，战乱不断，道士逃散。直到清朝康熙八年，武当山全真道龙门派道士陈清觉来青城山主持教务，又使局面得以改观。

好了，现在我们可以下到平地，看看一些道观的由来和建筑特点。

道观

北京白云观　一言止杀有奇功

白云观建在西便门外路北。它的前身是唐代的长安观，始建于唐开元二十九年（741 年），因唐玄宗信道，遂建此观，当时的名字叫天长观。今观内的老子石雕坐像即为当时的作品。

1160 年，契丹人南侵，天长观被焚。6 年后朝廷拨款重建。1174 年竣工时，观内举行了三天三夜的大道场，并请著名道士阎德源为本观主持。金世宗还亲率百官前来观礼，并赐名“十方大天长观”。金章宗明昌元年（1190 年），皇太后病危，在这里做了七天七夜的“普天大醮”，一个月后，皇太后的病竟然好了！信不信由你，反正史书上是这么说的。其证据是在十方大天长观以西加建了一个小殿，用以供奉皇太后本命之神。可惜 12 年后因观内人自己不慎，把这倒霉的十方大天长观又给烧毁了。皇上一看急了：让朕到哪儿进香去啊！第二年就着手重建了。重建后按照惯例得改个名字，这回改叫“太极宫”了。

金元光二年（1223年），全真道的长春真人邱处机自西域大雪山（今阿富汗）东归至燕京，成吉思汗赐居太极宫。邱处机是山东人，全真教创始人王重阳的亲传弟子，也就是金庸笔下的全真七子之首。元兴定三年（1219年），61岁的邱处机接受了成吉思汗的邀请，亲率弟子尹志平、李志常等18人，跋山涉水，风餐露宿，历时两年，行程万里，到达大雪山，觐见了成吉思汗。这是700多年前中国人的一次长途壮举。

帝问治理天下良策，邱答：敬天爱民；问长生久视之道，答：清心寡欲；并进言：欲统一天下者，必在乎不嗜杀人。后乾隆皇帝赞道："万古长生不用餐霞求秘诀，一言止杀始知济世有奇功。"自此，人们都爱用"一言止杀"形容邱处机劝驾戒杀的大功。

四年后邱处机在太极宫羽化，太祖成吉思汗谕旨，改太极宫名为长春宫。第二年，他的弟子尹志平在长春宫以东建处顺堂以葬邱祖。

明初处顺堂易名为白云观，以后又经明清两代多次扩建，遂成北京著名的大道观，长春宫倒湮没无存了。

现存的白云观是清初在王常月方丈主持下重修的，大体上和明代的规模近似。整个白云观的中心建筑群是以前面的邱祖殿和后面的三清阁组成的一个封闭的院子。总平面分三路。中路中轴线上由外向内依次有影壁，牌楼、山门及各进院落。影壁墙上嵌有出自宋末书法家赵孟頫之手的"万古长春"四个绿色琉璃大字。

赵孟頫是明代就出了名的书法家，后因当了元朝的官，颇受历代文人挤兑，说他失了气节，等等，因此很长时间内在书法界没有给他应有的名誉。我个人认为持这些看法的人未免狭隘了。甭管是宋、元还是明、清，不都是咱们大中国历史上的一个朝代吗?

为赵孟頫发完感慨，回过头来，便看见一座三开间七重屋檐的木牌楼金碧辉煌，上书“洞天胜境”四个大字，显示着白云观不同寻常的身份。

山门上一块铁铸匾额上书“敕建白云观”五个字。“敕建”表示此建筑物是皇帝同意建的，绝非违章建筑，但宫廷里是不出钱的。进得山门，见一无水的甘河桥，又名窝风桥。据说祖师爷王重阳曾在陕西一座甘河桥下巧遇异人，授以真诀，于是出家修道。为纪念此事特修了这么个桥。再向里走，有供三只眼王灵官的灵官殿，供玉皇大帝的玉皇殿，供全真七子的老律堂。整个白云观的中心邱祖殿供奉的是邱处机。邱祖殿虽是正殿，但规模不大，是个面阔三间正脊硬山的建筑，显示出道教的朴素无华。殿内端坐邱处机，墙上是邱老爷子带着他的十八个弟子翻山越岭去大雪山的情景。

白云观的布局和一般佛寺无大差别，只是殿宇规模较小。建筑形式除老律堂用歇山屋顶外，其余均用硬山。装饰和彩画多用灵芝、仙鹤、八卦、暗八仙（代表八仙的器物，如笛、葫芦等）。最著名的文物是元代书法家赵孟頫所书老子《道德经》的刻石。

在清代，宫里的太监老了以后多被逐出宫去，却往往不被他们的家人所容，因此多数人的归宿是出家。慈禧太后的二总管刘多生在任时就曾拜白云观方丈为师，方丈给他起了法名刘诚印，道名云素道人。后来，他与高云溪同为白云观第二十代方丈。高云溪是个政治道士，早年在青岛出家时，他认识了一名国际间谍璞科第，后又通过刘诚印搭上了西太后的线。光绪年间，清政府与各国列强签订不平等条约，即为此人牵线。当时高云溪还曾提供白云观的云集园做秘密的预谈地点。

白云观近年来两度修缮，现为中国道教协会所在地。

北京吕祖宫　百年道观

吕洞宾是八仙之一。北京专门供吕洞宾的庙虽然不多，但还是有几座的。这里讲的是西城区西二环东侧，在金融街里被众高楼环绕的那座。其实它的前身是一座火神庙与地藏庵合二为一的庙。俩庙分属道教和佛教，所供的神明火德真君与地藏王隔着一道墙和平共处。后来大概庙小香火差，就荒废了。

清咸丰年间，一位名叫叶合仁的居士出资买地20余亩，将庙宇修复，改祭吕祖，建筑更名为吕祖宫，属道教全真一脉。你猜猜在这座宫里供着多少位神明。50？100？告诉你吧，连道教的带佛教的总共147位！其中“纯阳演正警化孚佑帝”为

吕祖宫院门

正神。在这里他们共同接受不同教派信众的香火，绝不闹派性，挺和平的。

“纯阳演正警化孚佑帝”就是我们所说的吕洞宾。他是山西人，姓吕名嵒字洞宾，号纯阳子。生时有白鹤飞到他母亲的帐子里。这个“纯阳演正警化孚佑帝”是元成宗铁穆耳给他封的。

再后来这座庙破败了。2000 年修建金融街时，在这里刨出一块石碑，虽然字迹已模糊不清，碑体却还完好，人们认为这是吉兆，且在残墙断壁上还发现一幅墨线的壁画“猛虎下山”，遂

文昌宫

出资重修吕祖宫。2009 年竣工。北院挂了北京道教协会的牌子，南院挂了“吕祖宫”的匾。

四川文昌宫　供奉掌管文运之神

在道教里，还有一位真神，名叫文昌帝君。其本名叫作张亚子，西晋太康八年（287 年），出生于四川越西金马山。后来为避开母亲的仇人，举家迁来七曲山。张亚子一生行善治病，死后被梓潼百姓奉为梓潼神，供在七曲山善板祠里。

从小地方梓潼（在绵阳北）出来的这位神仙张亚子，在各方的大力推崇下，与古老的星宿神——文昌星神重合，由地方小神整合成为天下共祀的大神，专司功名、文运、利禄。

祭祀文昌君，始于宋元，到明清已成为重要的官祭活动。农历二月初三是文昌的圣诞，届时全国各地都要举行祭祀文昌的活动，又叫作文昌会。祭祀规格与祭祀孔子相同。

位于四川梓潼的这座文昌宫，正殿最早叫真庆宫，建于明代，清雍正四年（1726 年）冬天被野火烧毁，雍正十年（1732 年）重建。正殿位于七曲山古建筑群的中心，又是供奉文昌帝君张亚子的主殿。正殿前面就是拜厅和高敞台，是做文昌会的重要场所。

在北京的妙峰山，我在文昌庙前见识过那壮观的场面：正值高考前夕，家长带着向往大学的孩子去给文昌君烧香，闹得满院子烟熏火燎，如同打仗一样。

山西悬空寺　建筑奇观

你见过上不着天下不着地的建筑吗？悬空寺便是一个。不知是山西浑源县的恒山里缺平地，还是当初的建造者非要弄出个惊世骇俗的东西，总之，这是个看着特悬，其实已平安地度过了 1500 多年的庙宇群。

悬空寺

悬空寺又名玄空寺，位于山西浑源县，距大同市 65 公里，悬挂在北岳恒山金龙峡西侧翠屏峰的半崖峭壁间。悬空寺始建于 1500 多年前的北魏太和十五年（491 年），历代都对悬空寺做过修缮。

悬空寺距地面约 60 米，最高处的三教殿离地面 90 米，因历年河床淤积地面升高，现距地 58 米。悬空寺的整个寺院，上载危崖，下临深谷，背岩依龛，寺门向南，以西为正。全寺为木质框架式结构，依照力学原理，半插横梁为基，巧借岩石暗托，梁柱上下一体，廊栏左右紧连。你走在上面，简直想象不出当年是如何施工的。即使在有吊车的今日，我看在石崖上建这么个寺庙，也够难的了。

妈祖庙　对一个好女孩的祭拜

作为一种民间信仰的妈祖，其实不是一种宗教，却在全世界有五千多座妈祖庙、两亿多信众。那么，这位妈祖是何方神圣呢？原来，妈祖确有其人。

妈祖于宋建隆元年（959 年）三月二十三日出生。她原名林默，父亲叫林惟悫，母亲王氏，人多行善积德。林默 28 岁那年，在重阳节那天早上焚了香、念了经，告别诸姐，登上湄峰最高处，从此不见了踪影。但乡亲们时常能看到她救人急难，护国佑民。于是乡里之人就尊称她为保佑渔民的妈祖，在湄州岛上的湄峰建起祠庙，虔诚敬奉。

妈祖的信众，多半是跟海有关的人：渔民、卖水产品的商人，甚至远渡重洋的中华子孙，在家中都供奉妈祖的像。每年妈祖生日，他们都要把自己家中的妈祖像带到湄州岛的妈祖大庙中，谒祖进香。2009年，妈祖1050岁生日那天，岛上的游行极其壮观：小小的岛上，一万多人，长达5公里的队伍抬着妈祖塑像，游行至大庙。

湄州岛的妈祖塑像

妈祖庙大殿

第十一讲

伊斯兰教建筑

伊斯兰教建筑

在北京之外的中国其他地方，明代之前的伊斯兰教清真寺多做成穹苍顶、尖拱门，带有浓厚的中亚风格。最典型的是唐高宗咸亨四年（673年），阿拉伯传教士艾比·宛葛素在广州建的怀圣寺，看上去完全是阿拉伯风格的。明朝中期以后，皇帝强行命令在京的清真寺必须与汉族传统建筑形式结合。于是他们就令人遗憾地放弃了穹顶、尖拱。现在北京所看到的清真寺建筑形式几乎都是传统的大屋顶，外表看上去很像一般的寺庙。而新疆、青海和宁夏的清真寺就是另一种风格了。

在阿拉伯和中东等信奉伊斯兰教的地区，礼拜寺建筑往往带有古代拜占庭寺庙的特点，即基本组成为向院子敞开的大殿，当中有一个雄伟壮观的绿色穹顶和高高的塔状呼唤楼，远望一目了然。礼拜寺既是一个居民区的社会活动中心，也是一个村乃至一个城市的标志或构图中心。遗憾的是这一点在北京显然做不到。

清真寺的中心部分礼拜大殿一般布置在整个寺院的中轴线

上，它的平面多为凸形，无论寺院的入口在哪个方向，这座大殿必须坐西朝东，为的是做礼拜时人们要面向圣地麦加方向顶礼膜拜。朝向麦加的后墙叫正面墙。在墙壁正中一般挖出或用带门洞的隔墙隔出一个小空间，称作凹壁（米哈拉布）或窑殿。其主要作用是识别礼拜的朝向。窑殿前上方往往高耸起一个的方形小屋顶，它既可采光又兼通风，另外也可以让带领做礼拜的人说话时增加共鸣，起个麦克风作用。

大殿内的装饰往往是礼拜寺内最辉煌的。在它上面有精细的木雕镌刻的古兰经经文，有的还有镏金。礼拜殿的地面多为木地板上铺绒毯，供礼拜时跪着用。殿内右前方有一个木质阶梯形讲台，称为敏拜尔，是讲经的地方。

其他附属建筑物还有望月楼、邦克楼、浴室（俗称水房子）、教室等。每个清真寺无论大小必有浴室，人们要以干净的衣服和躯体去觐见真主，以表示对安拉的尊敬。为了防止妇女受到伤害，她们不但要遮住除五官以外的所有部位，而且做礼拜时为女人另设一个女殿。大一些的寺里还有教室，穆斯林们要在这里学习宗教知识、阿拉伯文的古兰经。有的寺里还设有图书馆、资料室等。

清真寺建筑不用动物形象做装饰题材，你要注意一下，可以发现清真寺的大门口没有守门的狮子。而且，为了基本保持中国建筑的风格，屋顶上的脊吻还放了个龙头模样的东西，但是在应该是眼睛的位置被水纹浪花所代替。清真寺内部众多的装饰纹样都是几何图案、花草纹样或阿拉伯文字的古兰经文。

早期的伊斯兰教建筑由海上丝绸之路传入我国，并由阿拉伯人自己建造。这一时期主要建有四个清真大寺，分别是：广州怀圣寺、泉州清净寺、杭州凤凰寺和扬州仙鹤寺。在它们身上，你还能见到阿拉伯建筑的风采。它们是我国最早、最古老的清真寺。而新疆的清真寺当然就更接近中东的建筑形式了。

广州怀圣寺　中国最早的清真寺

怀圣寺是伊斯兰教传入中国后最早建立并存在至今的清真寺之一。为纪念穆罕默德，故取名“怀圣”。

怀圣寺院坐北向南，占地面积 2966 平方米。整体采用中国传统的对称布局，在主轴线上依次建有三道门、看月楼、礼拜殿和藏经阁。礼拜殿坐西朝东，礼拜时面向圣地麦加，建筑的比例、色彩、装饰均具西亚风格。

寺内有光塔，建于唐朝贞观年间，具有阿拉伯风格，高 36 米，青砖砌筑，底为圆形，表面涂有灰沙，塔身上开有长方形小孔用来采光。塔内有二螺旋形楼梯绕塔心直通塔顶。塔顶部用砖牙叠砌出线脚，原有金鸡立在上面，可随风旋转以示风向，明初被飓风吹落，1934 年重修时改砌成尖顶。

怀圣寺

扬州仙鹤寺入口

扬州仙鹤寺　中阿建筑风格的结合

扬州仙鹤寺形如仙鹤，并且保存完整，是中阿建筑风格的巧妙糅合，一直为海内外所珍视。

来自西域的普哈丁是伊斯兰教创始人穆罕默德的第十六世裔孙，宋朝时从本国（古称大食国）来到中国，学习中国的文化艺术，传播伊斯兰教。他对黄鹤楼的古老建筑风格极感兴趣，更对李白的“故人西辞黄鹤楼，烟花三月下扬州”的诗句赞叹不已，不由激起对仙鹤的遐想。带着这一想法，他来到扬州，在构寺时既符合伊斯兰教寺院的要求，又突破阿拉伯圆形穹顶尖拱门等建筑特点，大胆地采用中国大屋顶殿宇的建筑形式。

从平面上看，门厅为鹤首，而向北的甬道，曲折蜿蜒，高低有致，这是鹤颈。寺内的主建筑礼拜殿，高大巍峨，由两部分组成，前部为单檐硬山顶，后部为重檐歇山顶，二顶勾连搭成，这是鹤身。

杭州凤凰寺　中国四大清真古寺之一

杭州凤凰寺始建于唐贞观年间（627—649 年）。元代时，由“回回大师”阿老丁于至元十八年（1281 年）捐金重建，后几毁几建。清光绪十八年（1892 年）重修，当时规模尚属宏大；民国十七年（1928 年）政府修中山中路，因而拆除了凤凰寺的大门、寺内高层望月楼和长廊等一半面积；1953 年市人民政府拨款整修了大殿，保持了元代原貌，并重建了具有巴基斯坦现代风格的前殿。不过前面的建筑对它遮挡严重，要想看见完整的正面十分困难。现殿内的石刻经台和柱础石，经文物部门鉴定是宋代遗物。

奉天坛遗址

泉州清净寺　中阿友好交流的见证

泉州清净寺又称“艾苏哈卜大清真寺”，创建于北宋大中祥符二年（1009年），是仿照叙利亚大马士革伊斯兰教礼拜堂的建筑形式建造的，元至大二年（1309年）由伊朗艾哈默德重修。清净寺占地面积2000余平方米，主要建筑分为大门楼、奉天坛、明善堂等部分。

奉天坛在一进门左手的一个院子里。1607年泉州遇8.1级大地震，奉天坛顶部坍塌，迄今未能恢复，就剩下好些半截石柱

泉州清净寺大门

子了。

泉州清净寺是我国与阿拉伯各国人民友好往来和文化交流的历史见证，也是泉州海外交通的重要史迹。

北京牛街礼拜寺　清真寺的一个佳例

传说牛街礼拜寺是北宋太宗至道二年，即辽统和十四年（966 年），一位自阿拉伯来中国传教的大师创建的。明代曾两次进行大修，明宪宗更亲自赐名“礼拜寺”。现存建筑是经清康熙三十五年（1696 年）重建的，但大殿内的柱、拱门和后窑殿还有可能是明代的遗物或式样。寺内还有两座元朝时伊斯兰教徒的墓，表明此寺的悠久历史。

由于此寺建在牛街东侧，寺的大门只能朝西。它瑰丽的入口由寺前牌坊、影壁和平面为六角形的望月楼共同组成。不过按我的观点，它们显得太挤了。不知道是地段所限，还是某种特殊的理念?

整个礼拜寺有三进院子。第一进是个过道，以便倒卷廉式地进入二进院子；第二进是院子，正中是大殿。大殿的四个重要建筑从后往前分别建于辽代、明代和清代。大殿两侧还有碑亭和两层的邦克楼。邦克楼原来叫尊经阁，是于日出、日落和中午时分呼唤教徒出来礼拜的地方。邦克楼初建于元代，明弘治九年（1496 年）重建。楼门圆券上砖雕细致精美。

牛街礼拜寺入口

两侧配殿为讲堂，正东有七开间的文物陈列厅。第三进是后院，这里全是附属用房。此外，南跨院还有供教徒礼拜前做大净、小净用的浴室和宿舍等。在浴室上方有一匾额，上书

碑亭及水房子

大殿

“涤滤处”，有身心俱洗的意思。

寺中建筑皆用中国传统木构，但在彩画装修上带有浓厚的阿拉伯风格。如拜殿部分的梁柱间做了伊斯兰风格的尖拱，各种彩画均采用带阿拉伯风格的图案，而用中国的金红色调和沥粉贴金的做法，两者的结合收到了极好的效果。大殿内多道色彩绚丽、雕刻细腻的落地罩，塑造成了极其华丽而又不失端庄的气氛，令人叫绝。仔细观察细部，还能看出中东的阿拉伯建筑的一些特点。比如，落地罩的顶部做成伊斯兰教建筑门窗上部常用的火焰纹。另外，从窑殿的构造上也还能看出中亚伊斯兰教建筑的面貌。它是中国伊斯兰教大寺中的一个比较完整、具有一定典型性的佳例。

西安化觉巷清真寺　600年历史的清真寺

化觉巷清真寺位于西安市钟鼓楼广场西北侧的化觉巷内，当地人多称之为化觉巷清真大寺，又称东大寺。它和另一座西安的清真寺——大学习巷清真寺是西安最古老的两座清真寺。不过这个寺不大好找，你得不厌其烦地穿过一长溜卖旅游商品的小店，才能见到它的真容。

现存寺院建于明洪武二十五年（1392年），在清代改建过。它的总占地面积约1.3万平方米，建筑面积6000余平方米。大殿1300平方米，可容千余人同时做礼拜。

西安化觉巷清真寺礼拜殿

月碑

寺内有明万历年间建的高 9 米的木质琉璃顶牌坊，飞檐翼角，精雕细刻，还有宋代书法家米芾写的“道法参天地”和明代书法家董其昌写的“敕赐礼拜寺”手书碑刻。院落中心矗立着一座三层八角攒顶的省心楼，它美观秀丽典雅的造型也会让你印象深刻。至于敕修殿、月碑、凤凰亭等，更会使你流连忘返。特别是礼拜堂里的彩画精致典雅，反映了中国伊斯兰教寺院彩画艺术的独特风格。

喀什艾提尕尔清真寺　能容纳万人的礼拜寺

艾提尕尔清真寺位于喀什市中心，是一座规模宏大的伊斯兰教建筑物，已有 500 多年历史。该寺由礼拜堂、教经堂、门楼、水池和其他一些附属建筑物组成，南北长 140 米、东西宽 120 米，总面积 16800 平方米。寺门是用黄砖砌成，石膏勾缝，线条清晰。门两旁是半嵌在墙壁里的砖砌成的圆柱，高达 18 米。圆柱顶上是召唤用的小塔楼，每日破晓，阿訇在小塔楼高声呼唤，唤醒穆斯林来做礼拜。平时寺内有两三千人做礼拜，星期五有五六千人。逢到节日，寺内寺外跪拜的能有三万人。

清真寺的正殿长 160 多米，进深 16 米。廊檐十分宽敞，有 100 多根雕花木柱支撑顶棚，顶棚上面是精美的木雕和彩绘的花卉图案。

艾提尕尔清真寺大门

清真寺正殿内部

吐鲁番额敏寺　沙漠里的寺院

在新疆的吐鲁番盆地里，有个吐鲁番最大的清真寺——额敏寺。它最引人注意的是在寺的一角耸起的一座圆形大砖塔。塔高 37 米，下大上小，全用米黄色砖砌筑，轮廓通体浑圆，一气呵成，非常朴素。塔顶有一座小亭，穹隆顶非常圆和地结束了全塔。在简朴的塔身表面，十分精细地砌着凹凸砖花。（要是你没机会去吐鲁番，可以到北京的中华民族园，那里有一座 1 ∶ 1 的仿造品，在中轴路上就可以看见它。）寺院正面立着高大门墙，构图类似一般礼拜寺，也是在正中尖拱大龛周围砌造小

新疆吐鲁番额敏寺

龛，全用米黄色砖，朴素庄重。纵向而浑圆的高塔，与横向的由直线组成的礼拜寺形成圆与方、曲与直、高与低、垂直与水平的丰富对比。门墙前凸并稍微高出，适当增加了一点变化。门墙与大塔全都呈现米黄色调，与周围的沙地完全打成一片，达到了高度的和谐。

福建泉州圣墓　郑和在此立碑

泉州市丰泽区灵山南坡的圣墓，有块“郑和行香碑”。

“行香碑”是迄今发现见证郑和到过泉州的最重要的实物。这块碑迄今仍竖立于圣墓回廊西侧，上书“钦差总兵太监郑和，前往西洋忽鲁谟斯等国公干，永乐十五年五月十六日于此行香，望灵圣庇佑。镇抚蒲和日记立”。碑文的内容是说郑和在永乐十五年（1417 年）第五次下西洋时曾到灵山圣墓行香，祈求灵圣保佑，地方官蒲和日为之勒碑为记。

这里埋的到底是谁呢？原来，这里葬的是四位来华传教的伊斯兰教徒。因为他们生前有善行，当时中国人尊称他们为“贤者”，尊称他们的墓为“圣墓”。这体现了咱中国人对穆斯林的尊敬。

泉州圣墓

第十二讲

天主教建筑和基督教建筑

天主教建筑

西方天主教堂的平面一般为十字。十字的那长的一竖总是东西走向的。西端是神龛，入口在东边。看来咱中国人的上西天的概念，外国人也有类似的认识。早期的教堂结构多数是中跨用拱形结构，两个边跨也用同样的结构，用以平衡中央大拱的水平推力，后称它们为罗马式。12世纪开始流行的哥特式，即在中跨使用尖券、尖拱。这种结构体系玲珑轻巧，柱子也变细了。它的建筑形式外表瘦骨嶙峋，挺像受难的耶稣，内部空间高耸，令人觉得上苍的神秘，很受宗教界青睐。

天主教的教堂传到中国基本上没怎么走样。究其原因，一是天主教进来得比较晚，大量兴建教堂的年代是在比较能接受各种流派的晚清；二是掏钱建教堂的多是外国教会，谁拿钱谁说了算。哥特式因其外部高耸的尖塔和内部挺拔的尖券所烘托出的向上感，特别受到教堂建造者的青睐。这种天主教堂利用高耸的空间和硬质的，几乎不吸音的室内装修材料（砖柱子不抹灰及大面积玻璃窗），刻意追求较长的回声（建筑上称作交混回响时间），使得神父的话语和管风琴的乐音带有天外之音的神秘感。即使你没去过天主教堂，你也可以设想一下，神父的一声洪亮的“孩子们”在屋里嗡嗡地响上 5 秒钟，会使人们的心理产生多么神圣的感受。

北京东堂　融合中西建筑风格

王府井天主堂，又称东堂，又名圣若瑟堂、八面槽教堂，位于北京市东城区王府井大街 74 号，是耶稣会传教士在北京城区继宣武门天主堂之后兴建的第二所教堂。

东堂始建于清顺治十二年（1655 年），本是清顺治皇帝赐给两名外国神父利类思和安文思的宅院。这两人于明末就来到了中国，开始没摸到门路，只好猫在四川传教，不知怎么竟被清兵俘虏，带到了北京，赏给肃亲王府当差。这下正中下怀，二人在干活儿之余开始传教，把王妃都发展成教徒了，于是被王爷推荐到皇宫内。皇帝恩准给他们俸禄并允许传教，还赏给一块地盖房子。二人在自己宅院的空地上建了一个小教堂，这就是最早的东堂。

后来北京郊区发生地震，东堂倒塌，后来费隐重建了王府井天主堂。传教士利博明作为建筑师设计，清宫廷画师郎世宁主理了建筑的绘画和装饰。当时的教堂门窗均有彩色玻璃花窗装饰，堂内圣像很多出自郎世宁之手，有着极高的艺术价值。

嘉庆十二年（1807年）东堂的传教士在搬运教堂藏书过程中引发火灾，包括郎世宁手绘圣像在内的大批文物被焚毁。本来清政府对天主教就不感冒，这次火灾更是直接导致了政府没收房产，拆除教堂。

到了咸丰十年（1860年）朝廷再次允许信洋教，又将东堂还给了教会。所谓的东堂此时仅余街门和一堆瓦砾而已。光绪十年（1884年）一位叫田类思的主教从国外募捐到一笔款子，重建东堂。6年以后的1900年，还没新够的东堂又被义和团烧掉。光绪三十年（1904年），法国政府批准用部分庚子赔款重建教堂，现在的东堂就是那时建的。瞧瞧，七灾八难的，也够曲折的了。

小时候我来王府井，路过这里时总觉得那灰灰的高墙里有

北京王府井东堂

什么神秘的东西。其实里面就是个院子，外加一座硕大的教堂。想来那时候人太矮，连教堂的顶子都看不见。

东堂的建筑为罗马风格。它坐东朝西，建筑整体坐落在青石基座上，正立面共有3座穹顶式钟楼，楼顶立十字架3座，中间一座钟楼高大，两侧的钟楼和穹顶较小。教堂内部空间由18根圆形砖柱支撑，柱直径65厘米。

1988年王府井大街的改造开始，东堂周围的建筑陆续拆除。2000年，政府拨巨款将东堂内外整修一新，拆除院墙，扩建堂前广场，改建圣若瑟纪念亭，还加了喷泉地灯。亭内雕像洁白，入夜灯光绚丽。东堂迎来了它历史上从未有过的辉煌，成为市内最雄伟壮观的天主教堂。而且被院墙圈着的教堂得以露出它的真面目，与广大市民直面相见。它的光彩绚丽不但令教众们引以为荣，而且为北京的街景增添了许多光彩。每日里前来观赏的人群络绎不绝。

值得一提的是原有院门因在道路红线以内而不得不向里挪了两米。但其建筑风格和色彩与教堂配合得丝丝入扣，以至于不少老北京都以为它是原来的老院门。

天津望海楼教堂　饱经沧桑

在天津市河北区狮子林大街最西端，面对海河东岸狮子林桥，有座高高的教堂，这就是望海楼教堂。法国神父谢福音到津传教，于1869年底建成天津第一座天主教堂——胜利之后堂（圣母得胜堂），俗称望海楼天主堂。法国驻天津领事馆则搬进了东面的望海楼行宫遗址。后被焚毁。

现存望海楼为光绪二十九年（1903年）年用庚子赔款按原形制重建的。

这座建筑位于两条街道的转角处，坐北面南，青砖木结构，长55米，宽16米，高22米。正面有3个塔楼，呈笔架形。教堂内部并列两排立柱，为三通廊式，无隔间与隔层，内窗券作尖顶拱形。窗面由五彩玻璃组成几何图案，地面砌瓷质花砖，装饰华丽。

济南洪家楼教堂　华北地区最大的教堂

济南洪家楼天主教堂由奥地利修士庞会襄设计，1901年动工，1904年建成，1906年正式启用。

洪家楼天主教堂是华北地区最大的教堂之一，其建造者是工艺高超、有胆略才识的著名石匠卢立成。卢立成按洋人提供的图纸，对采购、石雕以及木、瓦工等活儿进行安排调度，历时三年终于使工程竣工。

该教堂体量高大，气势宏伟，平面为拉丁十字形，立面为典型的哥特建筑风格。教堂坐东朝西，正面的两侧立着两座石砌方形钟楼塔。两座钟楼塔夹着中部教堂大厅的山墙，塔顶高高耸起。塔楼上布满了细长的尖塔和狭长的窗户，更突出了塔楼的高大。大厅山墙上排满密挤的窗户，底层的火焰门上刻满生动的雕像，一切都充满了向上的动势。

洪家楼天主教堂虽然是比较纯粹的西方建筑，但是依然可以在一些细部看出中国传统的影响。比如教堂主厅的屋顶盖着中国传统小黑瓦。此外，教堂中门两侧上部石墙雕有两个石龙头，龙嘴大张，怒目圆睁，生动夸张，显然借鉴了中国传统民俗文化。

济南洪家楼天主教堂

上海徐家汇天主堂　一座标准西式教堂

徐家汇天主堂位于上海徐汇区蒲西路158号，始建于清光绪三十一年（1905年），宣统二年（1910年）告成，1980年重修。这是一座哥特式建筑，平面呈标准长十字形，正面向东，两侧建钟楼，高耸入云。

教堂长79米，宽28米，正祭台处宽44米。其中钟楼全高约60米，尖顶31米，尖顶上的两个十字架直插云霄。双尖顶的大堂为砖石结构，堂脊高18米。堂内有苏州产金山石雕凿的64根支柱，每根又由10根小圆柱组合而成。门窗都是哥特尖拱式，嵌彩色玻璃，镶成图案和神像。有祭台19座，中间大祭台是1919年复活节从巴黎运来，有较高的宗教艺术价值。堂内可容纳2500人同时做弥撒。

上海徐家汇天主堂

广东湛江维多尔教堂　绚丽的花窗

维多尔天主教堂位于广东湛江市霞山区绿荫路，是湛江唯一的哥特式教堂。

该教堂由法籍神父在湛江主持，1903 年由教会筹资建成。其建筑面积 985 平方米，坐西向东，为砖石钢筋混凝土结构。建筑正面是一对巍峨高耸的双尖石塔，高指云霄，墙面仿石，酷似石室教堂。大厅能容纳千人，是当时华南地区最具规模的哥特式教堂。

教堂内是尖形肋骨交叉的拱形穹隆，门窗均以颜色较深的红、黄、蓝、绿等色的七彩玻璃镶嵌，光彩夺目。

湛江维多尔天主教堂

基督教建筑

以前基督教在北京的势力不如天主教大，这是因为早期在北京站住脚的外国势力都是明朝或前清就进来的老牌欧洲强国，在这些国家里天主教的势力较大。等到后来，坐了末班车的美国和一些以新教为主的国家再挤进北京来就比较费劲了，多数只好去了南方。基督教是在资本主义阶段发展起来的新教，教规比天主教民主化、平民化，北京的基督教堂建筑形式没有一定之规，有的类似一般单位的礼堂，更有的仅为几排民房而已。教堂内设一排排的椅子，信徒们可以坐着听讲。基督教的主教堂往往不太大，而且往往设好几个分堂，做礼拜时只要听得见牧师讲课就行了。教堂里也有供新教徒洗礼的房间和设施。

北京亚斯立教堂　建筑风格别具特色

1870年，卫理公会在崇文门内孝顺胡同建了亚斯立教堂。1900年义和团起义时教堂、学校同时被毁，1年后重建。借着

亚斯立教堂

重建时清政府要多少钱给多少钱的机会，卫理公会采取大肆强买和派学生硬待在人家屋里不走的办法，强占了周围不少民房，使他们的地皮得以大增。1903 年在这里盖起了教堂、办公室、住宅，并扩大了 1872 年创办的慕贞女校，甚至还开辟了 3 块坟地。学校的教师都是教士，他们强迫学生信教，禁锢学生思想，因而得了个外号“模范监狱”。慕贞女校现改名为 125 中学。现存的教堂在后沟胡同 2 号，其东面的原住宅部分则归了公安局 13 处。

教堂平面呈南北长东西窄的矩形。它的外立面为灰色清水砖墙。正面有 3 跨，主入口在两侧的副跨，主跨是玻璃花窗和高起的山墙。前半部分是主堂，可容 500 人。在圣坛上方升起一扇巨大的八角形天窗，使得因棕色内墙裙造成的幽暗气氛稍显轻松明亮。北半部及整个地下室是副堂。可容 700 人，主、副堂之间竖以木隔墙，可分可合。亚斯立教堂在 2002 年经全面修葺后于年底重新开堂。照我看它是北京地区最壮观的基督教堂。可据说老布什等人都爱去缸瓦市教堂，看来是派别的原因，跟教堂的建筑形式无关。

前面我们看了很多各地的古代建筑，但是没有提长城。我想来想去，长城既不是皇家建筑，也不能算是民间建筑。严格地说来，它根本就算不上是建筑物。但长城是我国乃至世界公认的地球上最灿烂的人文景观之一，不说一说，真对不起祖先。还有横跨大江小河的古桥呢，那也是我们先人智慧与技术的体现，也要看一看哟。

丁篇 其他构筑

第十三讲
长城与古桥

长城

早在春秋战国时期，各个诸侯国就曾在山势险要之处修筑高墙相互抵御。秦始皇统一中国后，派大将蒙恬率兵 30 万把零碎的墙体连成一气以防北方民族。汉唐时代中原强大，修长城的必要性不大，因此汉代遗留下来的长城都破损不堪了。我在从北京去延庆的大山里看见过一段，很沧桑。

到了明代，汉族和北方诸族的矛盾又突出了。于是在明洪武二年（1369 年），开始重修长城。主持工程的先是徐达，后主要是著名平倭将领戚继光。

戚继光在指挥修长城时，为减少运输费，尽量就地取材，如用当地所产的石灰岩烧石灰等。

明长城西起嘉峪关，东到山海关。1976 年我去嘉峪关时，周围荒无人烟，看着那雄关，让人想起“劝君更尽一杯酒，西出阳关无故人”的诗句，很是悲壮。山海关就不同了：整日人山人海，四处小商小贩，令人诗意全无。

长城的设计和施工，充分体现了当时军事家和施工者的卓

北京延庆汉长城片段

戚继光像

越才华。城墙是长城的主体，随着山体的高低缓陡，墙的厚度、高度、用料均不相同，极富变化。每隔约 120 米还建有大小不同的城堡、关口用以屯兵；每隔 10 公里设烽火台一座，如有敌情以狼粪烧烟传递消息。

嘉峪关

山海关

八达岭雄关

北京明长城　好汉当到此

说起北京的明长城，多半指的是八达岭段。这段长城在延庆区西南，建于明弘治十八年（1505 年）。它雄踞谷口顶端，形势险要。城墙平均高 7.8 米，有些陡坡坡度近 45 度，城顶面只能做成台阶状。城墙每隔 500 米设有空心敌台和附城台。其中敌台用砖拱发券，下层居住士兵、储存武器，顶上瞭望和作战，便于长期坚守。

金山岭长城在密云区东北边。这一段长城的敌楼十分密集，每隔 100—200 米就有一座，由于城墙走势曲折，打仗时各敌楼的火力交错，互为支撑。有的地方墙内还有 2 米多高的障墙，即使敌人已攻上城墙，我方也可凭此一墙抵挡一阵。此外，这

金山岭长城

慕田峪长城

里还建有拦马墙、空心敌楼、库房等其他设施。

慕田峪长城位于怀柔区城北，东连古北口，西接居庸关，其敌楼形式变化多端。它背靠军都山，墙体依山势的高低而起伏。这里原有的老墙已矮到不起战略作用了。戚继光在此基础上把墙体加高了 5—7 米。顶部马道宽 4 米，可跑一辆大奔，如果它能上去的话。还有一个其他长城没有的特点令我不明白，就是人家的城墙向外的一面女儿墙上有射孔，向内的一面是没雉堞的。而慕田峪长城两面都有雉堞，难道它怕腹背受敌不成？

司马台长城在密云区东北部，距离市区有 120 公里。始建于北齐年间（550—577 年），明万历年间（1573—1619 年）重修。其长度不算长，才 19 公里，然而敌楼倒有 35 个。一峡谷穿过，将长城砍作东西两段。西段山势比较平缓，其间有 20 座敌楼。最陡之处山崖近乎 90 度，墙体才有 40 厘米宽，似天梯扶摇直上，令人望之生畏，攀之气喘。15 座敌楼中，仙女楼建筑精美，天桥雄奇壮观。如果你能攀上最高处的望京台，在天气晴好时可以看见北京城。

司马台长城

古桥

自打猴子变成人，估计在河上就得架桥了。当然，那时也就是砍根树木横在小河沟上而已，遇到大河就没辙了。后来人类架的桥花样越来越多，我们这里只说几个著名的古桥。

河北赵州桥　最古老的桥

提起古桥，大概哪个的岁数也比不过河北赵县的赵州桥了。

赵州桥，学名安济桥。它是隋代石匠李春所建，造桥年代是605—617年。这座横跨洨河的石桥，长37.47米，高7.23米，是我国现存最古老的石桥。桥由一个大拱和四个小拱组成，四个小拱骑在大拱之上，是此桥独特的地方。这是为了山洪暴发时，洨河那猛烈的洪水可以多几个泄洪道，更加顺利地通过石桥。就此，为中国造桥史添上了极重要的一笔。

在当地，流传着一首小放牛（民间小调）：“赵州桥来什么人修？玉石栏杆什么人留？什么人骑驴桥上走？什么人推车压了

安济桥（赵州桥）

一道沟嘛一呀嘿？赵州桥来鲁班修，玉石栏杆圣人留，张果老骑驴桥上走，柴王爷推车压了一道沟嘛一呀嘿。”很好听。如果你去那里，便可从扩音器里听到它。

北京卢沟桥　数不清的石狮子

卢沟桥始建于金代，具体来说是金大定二十五年（1189年），距今已有830多年啦。它是北京现存最古老的石造联拱桥。因为这段永定河里长满了芦苇，桥就起了个卢沟桥的名字。

意大利旅行家马可·波罗曾经溜达到这里来，估计那天有月亮，那连绵的拱壳、那清澈的倒影，再加上数不清的狮子，立即把老马醉倒。他在游记中盛赞卢沟桥道："它是世界上最好的，独一无二的桥。"当然啦，他那会儿见过什么呀！中国的好桥多得是。不过在北京附近，卢沟桥应该算是最杰出的了。

卢沟桥全长266.5米，宽7.5米。它的支撑系统是由10座桥墩承担的，学术上管它叫"多跨石砌圆弧拱桥"。桥墩是用大块条石砌成，在没有吊车的800多年前，真无法想象那些巨大的石块是怎么举上去的！

当然，令卢沟桥出名的还要算1937年的"七七事变"了。如果你去那里旅游，可以在城墙上找找，宛平城的城墙上至今还留着累累弹痕。

北京通州通运桥　萧太后年间建的桥

在北京通州区中部张家湾镇北，辽代在此曾开凿运河名萧太后河（今凉水河），并建一木桥。万历三十一年（1603年）改

卢沟桥栏杆的狮子之一

卢沟桥

通运桥栏杆的狮子之一

历尽沧桑的通运桥

建为石桥，两年后竣工，神宗赐名通运桥。桥为三孔，当中的一孔宽 8.9 米，边上两孔宽 6.9 米。边券与泊岸石相连处趴着一头虮蝮，用来镇水。两侧共 46 根望柱，顶端各踞神态各异的石狮。

这个 410 多岁的老桥至今还挺立在凉水河上，忠实地沟通着两岸往来，背负着车马行人。当然，汽车看来是走不了啦，车轮子受不了那份颠簸，连自行车都只能溜着边走。其实行人也要小心翼翼，留神别崴着脚。但是你看着那些凹凸不平的大石块，心里总会生出一份岁月沧桑的激动。真给修平了，也许反倒没了精神。

河北赞皇县凤凰桥　与古松共生千年

赞皇县在河北省西南，北距石家庄 50 公里，东距赵州 35 公里。在赞皇县尹庄村，也有一座建于隋朝的单拱小石桥。该桥建于隋朝，已有 1400 余年的历史，因桥面中间微凸、两端伸展，好似一只昂首展翅、凌空翱翔的凤凰，故名凤凰桥。奇妙的是北面的桥拱上生长着一棵粗大的千年古柏，南面桥拱上也生长着一棵小柏树，被人称为子母柏。它们都扎根在石桥上。古柏生长旺盛，石桥丝毫未见损伤。据测算，大古柏的树龄小于桥龄 100 年，在 1300 年以上。

关于这座桥还有一个美丽的传说：隋朝年间，有一只母凤

赞皇县凤凰桥

凰从南往北飞，要到北方看望正在修建长城的丈夫。飞至此处，被人手持弓箭射落，变成柏树，此桥因之得名凤凰桥。你看这棵古柏面朝北方生长，就是在思念她的丈夫。后来南面的桥拱石头缝儿里也长出一棵小柏树，人们都说是这棵大柏树生的孩子。

经测量，这棵千年古柏高 11.6 米、基径 1.02 米，树冠覆盖的面积约 80 平方米。

参考文献

[1] 梁思成 . 梁思成全集 [M]. 北京：中国建筑工业出版社，2001.

[2] 梁思成 . 中国建筑史 [M]. 北京：生活 · 读书 · 新知三联书店，2011.

[3] 梁思成 . 图像中国建筑史 [M]. 北京：生活 · 读书 · 新知三联书店，2011.

[4] 楼庆西 . 中国古建筑二十讲 [M]. 北京：生活 · 读书 · 新知三联书店，2001.

[5] 刘敦桢 . 中国古代建筑史 [M]. 北京：中国建筑工业出版社，1998.

[6] 潘谷西 . 中国建筑史 [M]. 6 版 . 北京：中国建筑工业出版社，1998.

[7] 彭一刚 . 中国古典园林分析 [M]. 北京：中国建筑工业出版社，1998.

[8] 周维权 . 中国古典园林史 [M]. 3 版 . 北京：清华大学出版社，2009.

[9] 贾珺 . 北京古建筑五书 . 北京四合院 [M]. 北京：清华大学出版社，2009.

[10] 李乾朗 . 穿墙透壁 : 剖视中国经典古建筑 [M]. 桂林：广西师范大学出版社，2009.